原発をゼロにする33の方法

柴田敬三 編 Keizo SHIBATA

ほんの木

はじめに

原発、この「悪魔の火」を消し去るために

人間の技術力や限られた能力ではコントロールなど出来ない原発。私たちは後の世代に言い訳けしようのない禍根《かこん》を残してしまいました。

でも、どうやったら原発がゼロになり、廃炉への道を歩み出せるのでしょうか。選挙で反原発、脱原発議員を過半数にしたくても、その具体論が見通せず、政党、政治家の思惑もあり、選挙制度の壁も含め、現実は簡単ではありません。12月16日の衆議院選での結果がそれを物語っています。今年2013年7月には参議院選があります。日米同盟の下、自衛隊の国防軍化、集団的自衛権の拡大を狙う改憲への方針を自民党政権は打ち出しています。原発推進も明白です。その意味で原発と憲法を軸に参議院選は日本の未来を方向付ける重大な節目になる選挙です。

自民党は危険な争点を隠し、衆院選同様に現世利益である景気回復、円安、株高、国土強靭化を名目にした公共事業のバラまきなどを掲げ、有権者の目を逸《そ》らす戦略で来るでしょう。参

院選の前には東京都議選があり、原発都民投票の成果を拒否した都議会だけに、こちらも重要な選挙になります。反&脱原発派議員が勝つか負けるか、です。全く楽観できないふたつの選挙となります。さらに、その先の衆議院・参議院選挙にも焦点を合わせておく必要があります。

また、毎週全国約100か所で行われていると言われる金曜日のデモや抗議行動、そして、数々の原発裁判、福島県の子どもたちの避難を支援する多くの市民活動も全国にあります。こうした市民の多様な運動と、原発ゼロへの力強い具体的な活動をご紹介できればと思い、12組16名の方々へのインタビューを掲載しました。（PART2）より多くの反&脱原発派市民にそれぞれのアクションをご紹介し、それらの運動の仲間に加わって頂いたり、あるいは支援を広げることがこの本の目的のひとつです。

もうひとつは、個々人の中で勝手にできる反&脱原発活動をご紹介したいと思い、あれこれ考えました。（PART1）33の方法のうち、必ずしも方法が具体的でなく、的確に提案できていない項目もあろうかと思われますが、編者の浅知恵ゆえの力量不足とキッパリ諦めて頂きたい（苦笑）、読者の皆さまがご自分の方法を創意工夫し、できることから始めて頂きたいと考えました。

ですからこの本は、日本中で市民が勝手に思い思いの手法で、原発をゼロにし、廃炉へと持ち込むためのいわばお誘いの本であり、個人的に運動を広げるための「自分運動」の材料提供の本でもあります。別名「読む個人デモ」なのです。

特に、どうしても明解な切り口を発見できない、難題がいくつかあります。ひとつはアメリカのクサビ（楔）です。原発は沖縄の基地問題、ＴＰＰ同様、対等な力学が働きません。どうやって乗り越えられるか、です。ふたつめは官僚機構の岩壁、国策変更の何と厳しいことか、の問題。最後は、使用済核燃料・廃棄物等の、もはや先送りできない問題。この３つは、難問中の難問で、問題提起に止まり、具体策に切り込めませんでした。私の認識力の限界です。


長い間、反原発の意志を持ちながら、私は原発を止められなかった大人たちのひとりです。未来の世代へ、忸怩《じくじ》たる思いを込めてこの本を企画しました。

「ほんの木」という小出版社が、なぜこの少々尖《とんが》った想いを込めて「原発をゼロにする33の方法」を出版するに到ったかは、若干ですが小社なりの歴史とその訳がありますので、最後の「おわりに」でお伝えします。

何より、未来を生きる子どもたちと、さらにその先に、やがて生まれるであろう「いのち」のために、原発の無い日本と世界を願うすべての人々に、ご一緒にお力添えを頂きたい、そう願って資金の無い中を出版へ突き進みました。私たちの悲しみや怒りや純粋な未来への願いが一人ひとりの抗議と市民としての運動となって、原発という「悪魔の火」を消し去ることができるように、共に力を尽して行きたいと思います。

この「33の方法」の各テーマをPART1で、そして様々な運動を続けてきた、また今後も続ける12チームの闘う方々のインタビューをPART2として構成しました。PART1は、私、柴田敬三が独断とかなりの偏見で書き（笑）、PART2は、小社の高橋利直がすべてのインタビューを行い、柴田が原稿をまとめ、それぞれご登場の皆様に校正して頂きました。

また、当初、30テーマでの予定でスタートしましたが、最後は10％増量の33にふくらみましたので「33の方法」としました。

この本をお読み頂いたすべての皆様に、深い感謝を込め、またこの本が未来の世代のお役に立つことになるならば誠に嬉しい限りです。

編者　柴田敬三

〈はみ出しコラム〉原発ゼロ、反原発、脱原発の用語に関しては、本書では厳密に使い分けていません。原発そのものの存在を認めない立場に立ち、今ある原発を止め再稼動させず、即時廃炉とする見解で表記しています。

目次

東電株主代表訴訟と上位株主企業への不買《ボイコット》
東電株主代表訴訟　脱原発法制定全国ネットワーク　木村 結さん……88
国策変更は1裁判所の判決　2政権交代　3外圧
青山学院大学国際政治経済学部教授　小島敏郎さん……94
官邸前抗議行動は経団連にも圧力をかける
首都圏反原発連合　原田裕史さん……102
運動に役立つ、信頼できる情報源の活用を
原子力資料情報室　伴 英幸さん　吉岡香織さん　谷村暢子さん　松久保 肇さん……108
再生可能エネルギーの協同組合構想
生活クラブ生活協同組合　半澤彰浩さん　柳下信宏さん……114
再稼働反対で作ったテントひろば
経産省前テントひろば　淵上太郎さん……118

県民は被ばくしている、刑事事件にし起訴へ
福島原発告訴団　蛇石郁子さん……126
闘う「世田谷区長」の脱原発作戦
世田谷区長　保坂展人さん……132
政府の暴走はマスコミの演出から始まる
エネシフジャパン、「緑の日本」　マエキタミヤコさん……140
普通に店やってること自体が原発反対
素人の乱　松本　哉さん……144
焦点は原発再稼働を止めること
たんぽぽ舎　柳田　真さん……150
おわりに……158
「ほんの木掲示板」ワークショップのお願い他……162

ブックデザイン・渡辺美知子

PART 1

原発をゼロにする33の方法

「原発をゼロに、でもどうしたら実現できるのだろう？」そんな想いを抱く、大勢の心ある市民に役立てばと、本書にチャレンジしました。思いつくままに綴《つづ》った33の方法です。「なあんだ、こんなこと」とお感じになるかも知れませんが、33の中にヒントがあれば幸いです。一人ひとりが、同時多発「自分運動」で原発のない世界を目指し、今やれることを、ご一緒に！

1

福島の人々の心を私の中に受け止める

もし私が福島県民だったら？

どんな不条理を感じるか、が出発点

原発ゼロへ、その第一番めは、「もし私が福島県民だったら？　家族が福島第1原発の近くに住んでいたら……？　自分なら、どんな過酷な困難と向き合っているか？」それが出発点です。

放射能汚染の不条理な現実。除染（移染）した故郷に戻れるのかという不安や疑問。今なお自宅に戻れず仮の住まいで生活をする人々。戻らずに避難先で新しい人生を選んだ人々の苦汁の決断。子どもたちへ与えた不安。家族間の葛藤。今も16万人弱が県内外に避難をし、生活再建を目指しています。

この本は、悲惨な結果を生み出した人災である原発を一日も早くゼロにし、二度と同じ過ちを繰り返さないことを願って出版しました。

東日本大震災で被災されたすべての方々への辛さ、苦難も共有しながら……。

福島に寄りそう、守る、共に未来を生きる

原発は国策として歴代の自民党と霞ヶ関の官僚が推進してきた結果、東京電力の福島第1原発事故が発生しました。そして今の所、誰もその責任を取っていません。巨額の賠償・補償金、廃炉への数十年以上の時間と巨大な費用、今後も続く果てしない除染とそのコスト、また、子どもたちへの健康や心のケアなど、これらは事故の責任者である東電経営者や、官僚の資産からでもなく、電力料金か、税金で賄《まかな》われます。果して原発推進責任者の自民党政権下で、被災者のためのフェアな補償を追求できるでしょうか。

3・11以前の元通りの生活に戻りたい。しかしそれは望めない？　地域が、友人同士が、家族が、親子が、夫婦すら分断されました。先祖から引き継いできた家屋、田畑、墓、共同体を失いました。実った作物、海の幸が風評にさらされています。牛や豚やペットを断腸の思いで手放さざるを得ず、避難区域内と外での補償格差も人々の心を蝕《むしば》んでいます。その補償すら遅くて不十分。（こうした福島の人々の気持ちを表わした双葉町井戸川克隆前町長のホームページがあります。（下段）ご参考まで）福島県の被害を受けた人々が補償せよ、責任者を追求するぞと、全国民に呼びかけ、訴訟がいくつも始まりました。完全な補償を100％獲得する。政も官も経済界、原子力ムラも、原発は割が合わないと自覚させる。原発ゼロのために、黙らない。ガマンしない。諦めない。風化を狙う加害者たちの魂胆をはね返しましょう。

（参考）福島県双葉町公式ホームページ臨時サイト災害板
町長からのメッセージ［2013.01.23］（双葉町は永遠に）
http://www.town.futaba.fukushima.jp/message/20130123.html/

2

市民の草の根運動を支えて、共に歩む

原発推進者たちが、断念する日まで

市民運動を強くする、市民一人ひとりの参加

原発をゼロにし、廃炉へと持ち込むには、圧倒的な世論が声を上げ、広がり、具体的に民意が動き出さない限り、容易に実現できません。日本でも世界でも、その先頭に立ってきたのが「市民の草の根運動」です。脱原発、反原発を押し進めてきた多くのグループが日本全国にあります。この本「原発をゼロにする33の方法」は、何より、それら多勢の運動団体や個人活動をする人々を応援し、市民が共に歩むことで、原発推進派を断念させてゆく道具のひとつとなり、その一助になればと考えて作りました。

事実の認識、集会、デモ、署名、訴訟、避難をする子どもや親たちを助ける、講演会やシンポジウム、この他にも様々な「場」が全国にあります。原発をゼロにする、再稼働を阻止する草の根の市民運動の輪に、あなたもちょっとだけ加わりませんか。

福島乳幼児・妊産婦ニーズ対応プロジェクト
fukushimaneeds@gmail.com
fukushimaneeds.blog50.fc2.com

「自分運動というやり方もある」

あなたのひとりの力が国の政治を変え、原子力ムラの「命よりお金」と考える連中に改心を迫ることができます。楔《くさび》を打ち込めます。要は、「世論には勝てないな、もう無理だな」と、金に目がくらんだ連中を諦《あきら》めさせることなのです。もちろん、忙しかったり、都合によって、こうした集会やデモ、講演会などに直接参加ができなくても、ひとりで自宅でやれる「自分運動」も沢山あります。この本には、そのためのアイデアも提案しました。ぜひご検討下さい。

その第1は福島の被災にあった方々の心を感じることですが、他にも選挙での投票、反原発や福島の人々を代表する訴訟、子どもを助ける運動などがあり、また、法廷で頑張る人々へのカンパ、原発推進企業への商品不買、ボイコットなどはすべてひとりでできます。自分でネットで発信したり、節電や太陽光発電の設置もあります。我が家の子どもたちに「原発いらない」理由を伝えてゆくなど、案外身近に「自分運動」をくり広げられるはずです。

あなたの地域に反原発の市民運動はありませんか。まずはそこへアプローチ。集会やシンポジウム、講演会やデモがあったら出かけてはいかがでしょう。主催者などのチラシやパンフレットがあると思います。賛同できる内容だったらコンタクトをして下さい。また図書館や書店に、「反原発の本のコーナーを作って下さい」と頼んでみるのも「自分運動」のひとつです。

311受入全国協議会　http://www.311ukeire.net/
メール　info@311ukeire.net

3

デモで示しませんか原発ゼロの強い想い

全国に広がる抗議行動や市民デモ

デモは誰デモ、どこデモできる

東京では２０１２年３月から、ほぼ毎週金曜日夕方６時～８時で、首都圏反原発連合（反原連）による官邸前や国会周辺での抗議行動が普通の市民の参加で行われています。呼びかけをする運動グループや個人、参加する市民のエネルギーが力強く伝わり、大飯原発再稼働反対の日は20万人にもなりました。また、３・11以後、代々木公園や明治公園、日比谷公園などで大きなデモが行われ、全国各地の約１００か所でも、デモや抗議集会が展開されています。

民主党から自民党政権へ、原発を推進してきた責任を取るべき政党が無責任に再稼働を狙っています。予断を許しません。原発推進の電力会社、経済界や霞ヶ関官僚たちの野望をどう打ち砕くか、それにはデモや集会で圧力を。しかも数が一番です。初めての方、あなたもデモや抗議集会にご参加下さい。

「デモは力になります、市民の幅広い共感作りが大切」

普通の市民が参加しやすいデモや抗議行動を広げること、原発をゼロにする要点はこれです。デモ、署名など、市民運動への国民の共感は8割だそう。首都圏反原発連合では、反原発、脱原発と関係のないテーマの旗やのぼり、プラカードを持ち込まない様に参加者にお願いをし、親子連れからベビーカー、初めて集う若い人たちにも共感を広げてきました。国会周辺の金曜日には、おしゃれなキャンドル・スペースや忌野清志郎さんの音楽、ドラム隊、スピーチ、ファミリー・エリアなどの工夫、アイデアがあふれています。デモと言えば高円寺の「デモ割り」（デモに出たと地域の居酒屋さんに言うと割引きになる店がある）をする、この本144頁にご登場の松本哉《はじめ》さんのアイデアはユニークです。

反原連の経団連前抗議もあります。また、非暴力やマナー、ルールにも主催側が気を使っていますから、誰でも参加しやすく、主張をアピールできるデモがふえました。色とりどり、アイディアに富むプラカードも見ていて楽しく、しかし鋭い主張には力が湧きます。市民の反原発、脱原発への強い想いが伝わってきます。

現在、全国でデモや抗議が毎週官邸前抗議集会と合わせて金曜日の午後6時~8時で行われているそうです。これがもし全国約1700の全自治体に拡大すれば、そして、仲間や家族を連れて、参加数が圧倒的に増加すれば、原発がゼロになる日が近づきます。

脱原発系デモ情報拡散（デモ告知、全国金曜アクション）
demojhks.seesaa.net

4

デモの届け方はコレ 全自治体で誰デモを

他人の目は気にしない。私は私

未来のために、今できることを

反原発、脱原発デモには様々な圧力、規制が入りがちです。それも恣意的《しいてき》な判断でです。２０１３年の次の7月の参院選で自民党が勝てば、今の状況とは異なり、一気にデモや抗議集会への規制が強まることも懸念されます。主催者側への逮捕や憲法の保障する集会や表現の自由が脅《おびや》かされます。

全国１７００の市町村で、毎週１００人〜１０００人規模のデモや抗議集会が行われれば概算合計で17万人〜１７０万人。とてつもない市民の圧力に変化します。ひとり参加した人が次回は友人を連れてくる、なんて方法で広げて行きませんか。デモや抗議の集いは市民の普通の権利です。国民の7〜8割が脱原発を望む国で政治で原発推進政党が圧勝し、民意が正しく届かないならば、直接民主主義で原発再稼働を止め、ゼロから廃炉へと舵を切りましょう。

デモのやり方、届け方、案外簡単です

① まず地元警察署に公安委員会の窓口がありますから、デモを行う予定の72時間（丸3日）前までに申請書を出し、許可を得ます。
② その際の提出先はデモの出発地点を管轄する警察署になります。主催者の住所、氏名、デモの目的、開催日時、デモの進行ルート、参加予定人数などを記入します。
③ 公園などを使う時は、施設によりルールで使用申請も必要となりますので確認をして下さい。道路使用許可は不要です。（2012年東京都により日比谷公園が不許可になりました）
④ デモ隊には警察官が付きます。交通規制や安全対策、周辺への警備です。
⑤ この条例は、許可することが前提です。が、明確に何らかの危険があると判断されれば不許可になる場合も考えられます。また、隊列規制やブロック250人程度での形態規制も入ります。（過剰規制の声あり）いずれにしても、事前に警察署でにこやかに相談を（笑）。

デモは、市民へのアピールであり、共感者を広げれば広げるほど原発推進勢力への圧力になります。誰デモ、どこデモ、安心して参加してもらえる、工夫もお願いします。

〈なおより詳しいやり方はこちらへ〉 http://hp1.cyberstation.ne.jp/negi/DEMO/knowhow/kh01.htm ■〈首都圏反原発連合〉 ■ http://coalitionagainstnukes.jp/ ■ http://twitter.com/MCANjp ■ info@coalitionagainstnukes.jp

〈はみ出しコラム〉10人〜20人からでもいいのです。共感する市民は多いはず。まず脱原発カフェに集まることから始めませんか。（72頁参照）

5

選挙は決め手です国会議員も自治体も

都道府県知事、市区町村長選挙も

目指そう、選挙で原発ゼロ議員を過半数に！

「原発をゼロに！」、このスローガンを実現する決め手のひとつは政治です。つまり選挙で国会、地方議会、都道府県市区町村の首長を「脱原発派」で勝ち取る、議会を過半数にする。これができれば合理的に止められ、廃炉が可能です。

先回の衆議院選挙では、自民党が前々回より票を落としているにも関わらず、３００近い圧倒的議席を得て、与党になり、原発容認・推進政権が再び誕生。合わせて脱原発放棄の日本維新の会の躍進もあり、反原発、脱原発市民は失速。さあどうする！経産省、文科省を始めとする霞ヶ関政府＝国家権力や電力会社、経済界の原発推進勢力をどうやったら食い止められるか、２０１３年には都議会議員選挙と、７月には参議院選挙があります。棄権はしない。選挙に行かない人を誘うなども大事ですね。

〈脱原発選挙活動の手引き〉 http://miraisenkyo.wordpress.com

「不公正な世襲政治や一票格差など、非民主的選挙制度にもメスを」

先の衆議院選での脱原発派敗北の原因は、脱原発政党が分散したことがひとつ。（小選挙区制の弊害）それと景気・雇用が最重要テーマにいつの間にか浮上、尖閣、竹島問題を含めた自民党の戦略勝ちです。脱原発が強力な争点にならず、原発ゼロへの目標年数も、直ちには共産党、2020年までは社民党、その他は未来の党の10年後から民主党の2030年代までとい う、バラバラメニューでした。今後の選挙では、脱原発政党が違いを乗り越えて「オリーブの木」※なり「みどりのイカダ」※方式で、選挙連合を組む以外にチャンスはありえません。

また、国策で始められた原発を果して政治家が止められるのか。官僚をコントロールできた政治が、今まで日本にあったでしょうか。地震大国に54基の原発があり、使用済核燃料・廃棄物等の処理を放置したまま、推進政権が誕生。まったく理解ができません。

さらに次の次、2016年の参院選と、その前後にある次の衆議院選挙をも見すえ、脱原発派議員や首長をオセロゲームの様に取り替えてゆく戦略がどうしても必要となります。その根本認識を持ちましょう。

中国、韓国の海岸線や台湾にも原発があります。東アジアの原発のリスクも視野に入れ、国境を越えた脱原発政治も課題です。なお推進派への落選運動は、日本で規制の法律はありません。市民の知恵の出し所です。

※オリーブの木　かつてイタリアで成功した選挙用多党連合の総称。
※みどりのイカダ　同上の考え方をイカダに例えた提案「もう原発はいらない！」（小社刊）に詳しい。

6

電力会社の専属議員 原発推進議員を落す

自治体首長も推進派を落選に

ネット選挙解禁か？　落選させる運動も始めよう

反原発、脱原発を主張する政党、政治家をひとりでも議会に入れる、増やし過半数にする。これが原発ゼロへの最短距離ですが、政治の世界は甘くありません。社民党、共産党などが伸びてくれればいいのですが、どうも動きが縮小傾向。そこで脱原発を政策に掲げる3つの政治団体が生まれました。

国会議員で構成の「みどりの風」、議員1人の「日本未来の党」地方議員たちで発足させた「緑の党」がそれです。しかし連合しないと選挙には不利です。票が分散して期待が萎《しぼ》み、脱原発の風も起きない。合流して欲しいと願うのは原発ゼロを求める市民の声のはずです。もうひとつ、当選させようの逆に、原発推進議員は落選させる、推進政党を弱小化させる運動が起こって欲しいですね。良質の脱原発議員がその分ふえます。

まず、原発推進の旗振り役、電力会社のヒモ付き議員は落す

落選させよう運動は、もちろん国会議員も地方議員も知事を始めとする首長（地方自治体の長）も含めてです。中でも絶対に落選させるべき対象は電力会社からの派遣議員や、電力族議員。国会にもいますが、あなたの地方自治体議員にも沢山います。原発談合ムラを守る電力議員は、朝日新聞２０１２年11月25日付記事によると全国に99人。当時その中の91人は議員報酬と同時に電力会社の給料ももらっていました。電気料金と税金の両方から給料です。

議員への働きかけ、ロビイングも重要な市民の活動です。地元の国会議員には、時々電話をしたり、ＦＡＸやメール、ハガキなどで、脱原発を洗脳（笑）しましょう。「いつも市民のためにご苦労様です」と労《ねぎら》いながら「原発推進だと落ちますよ」とやさしくささやくのです。

最近では新聞社やネットでも、ボードマッチング、つまり各党の政策比較表を作って、有権者が自分の政治指向に合致する政治家や政党を選びやすく示してくれます。選挙があったら必ず一度試して下さい。自治体選挙ならば、地域市民有志で、立候補にアンケートをしてチェックリストを作りましょう。もちろんネットやチラシで公表です。

原発マネーははねのける。政治は市民が選ぶ。おまかせしない。マスメディアを味方に。自分の意に染まないテレビ局や新聞はボイコットする。政治を私たちの手に取り返し、脱原発派政治家をふやすのが、誰にもできる原発ゼロ作戦への有効な一手です。

〈はみ出しコラム〉日本でもそろそろ本格的に落選運動が必要です。にこやかに、したたかに市民の力を発揮したいものです。

7

自治体選挙が重要
地域で反対も決め手

地元が「NO！」なら稼動はできない！

自治体の財源確保と雇用拡大は別の手法で代替

前項の「電力会社ヒモ付議員を落選させよう」と同時に、全国の各自治体選挙が脱原発に有効です。

何といっても原発立地自治体が「NO！」と議決すれば、再稼働はできず、新規立地もありえません。電力会社、原子力談合利権ムラの根回し、圧力は自治体へのバラマキから漁業権の補償やヤラセ作戦、働く場、地元企業活性化など、地域住民、企業へ様々な誘惑でなされたことは、よく知られています。要は、自治体が「金」で支配をされるか、「いのち」を優先するかの戦いです。特に地域の賛成派と反対派による闘争、圧力、分断や差別で多くの人々が苦しんできました。原発は人の心を蝕《むしば》みます。自治体選挙で「反対」議員を多数にする、自治体トップの首長を、脱原発派に切り替えることが、大地震国である日本のあるべき安心な姿だと思いますが。

立地自治体だけの同意ではなく、判断と同意の必要な地域を広くする必要！

再稼働問題について、原発立地自治体から30キロ圏内の福島県を除く83市町村の60％が、自分たち周辺自治体の同意を求める、との調査があります。原発の事故による放射能の拡散は、立地自治体の中のみならず、広範に被害が拡散することは、福島第1原発の過酷事故が立証しています。また、原発を止める機能は、公式には時の内閣、霞ヶ関官僚の同意、国会の議決、裁判、原子力規制委員会（但し真に独立できるなら）そして自治体だと言われています。福島第1原発事故の放射能拡散は、30キロ圏内をはるかに越え東北や北関東からさらに南へと広がった事実を見ても、ひとつの自治体の判断を越え、全国的な判断にするべきです。

こうした意味で「脱原発をめざす首長会議」の発足に64首長が集まったこと、そのメッセージと今後の広がりは大変に期待ができます。また、その他の全国の首長、つまり知事や市区町村長を、脱原発派に選び変えてゆく努力が今後は、原発をゼロにする大きな力になるはずです。全国の自治体選挙一つひとつを勝ち取る、有権者の一票一揆を作り上げたいものです。

また「全日本おばちゃん党」の様なパワフルな勝手連もできました。子育て党や世直し老人党、就職させろ党、夢を若者に党などを作りませんか。脱原発は国民の約8割と言われます。さらに、自治体によっては独占電力会社外のＰＰＳ※（特定規模電気事業者）からの電力購入で、割安の電力に切り換えたり、省エネ化、節電への努力も確かな原発ゼロへの方法です。

※ＰＰＳ（特定規模電気事業者）2000年から大口の顧客に対し、電力会社以外の事業者も電気を売ることができる制度。割安となるため伸びている。

8

「原発」国民投票で民意を実現しよう

一人ひとりが原発の是非を決める

国民投票、住民投票は、民主主義のイロハ

本書、PART2にもありますが、自治体で広げたいのがこの国民投票と住民投票。自治体単位では住民投票と言いますが、要はひとつのテーマごとに、その賛否を有権者が直接投票して決める直接民主制度。選挙で議員を決めその議員が議会で採決するのが間接民主制。住民投票は日本でも1996年以後、市町村合併を除き19自治体で行われました。2010年施行の国民投票法は憲法改定に限定されたものです。日本では国民投票は一度も行われていませんが、「原発」国民投票法を国会で制定すれば実施が可能です。

先の衆議院選の様に、国民の7～8割が脱原発支持でありながら、自民党圧勝、原発を作り続け今も推進を自認する政党が政権を握る、こうした矛盾は、直接民主制で国民が判断すれば正せます。

先進国では当然の国民投票、日本は国民投票も民主主義も遅れています

大阪市、東京都、静岡県、新潟県で有権者の50分の1を越える法定の署名活動が成立し、原発に関する賛否を問う条例案を議会に問いましたが、すべて過半数以上が保守派の議会で否決されました。しかしかつて新潟県巻町と刈羽村、そして三重県海山町（現紀北町）では共に住民側が勝利し、原発建設・誘致が中止されています。原発の他にも、産廃施設、基地、可動堰《ぜき》、市町村合併、などのテーマで住民投票は行われています。このあたりの住民投票の情報は、東京新聞２０１２年11月４日号「大図解」に詳しく載っています。

原発ゼロの民意が過半数を越えていても、選挙で直接それが実現しにくい。官邸前の抗議集会や、全国でデモなどが広がっても再稼働される。国家機構への閉塞感が高まりました。全有権者の50分の1賛成署名の壁を突破しても、議会の壁に敗れるケースが、「原発」の住民投票では続いています。いかに、自治体議員を取り換えることが重要か、と言う事例です。民意にそって、直接正せる制度を確立させることは、原発再稼働を止め、ゼロにする方法です。

☆〈みんなで決めよう「原発」国民投票の詳しい中身、パンフレット等は、直接事務局へお問合せ下さい。ＴＥＬ03・６４３４・０５７９　ＦＡＸ03・６４３４・９３７８　http://kokumintohyo.com/〉■〈東京新聞大図解バックナンバー問合せは、ＴＥＬ03・６９１０・２５５７　http://www.tokyo-np.co.jp/daizukai/〉

〈はみ出しコラム〉50分の１の署名も大変ですが、狙うなら２分の１ですね。マスメディアの協力が必要です。

9

原発の責任は自民党 なぜか追求が甘い！

子どもの「いのち」より原発推進ですか？

この政党が政権にいる限り、原発は止まらない

それにしても、どうして日本人は自民党に甘いのでしょうか。原発立地へ税金を投入し、公共事業で自然を破壊し、１０００兆円に達する国家財政の大赤字。原発54基の推進政党。様々な談合や利権を求めて、財界や霞ヶ関官僚と共に鉄の三角形で君臨し、原子力ムラを構造化した政党です。

未曾有の東日本大震災、原発過酷事故が民主党政権時に起こりましたが、国民が民主党には厳しく、自民党に政権交代した後、景気浮上に喜ぶ甘い扱いは一体何なのでしょうか。特にマスコミの姿勢！

次の参議院選挙の結果次第では、自民党はその正体を現わすはずです。７月の選挙から、２０１６年参院選、その前後の衆院選が脱原発選挙のすべてです。ここで自民党や日本維新の会が勝てば、日本崩壊となりかねません。まきぞえは嫌ですよね。

もし日本に1基も原発が無かったら、福島の人々の苦しみは無かった

アベノミクスというインフレごっこの様な言葉が日本中を覆《おお》っています。株高？　円安？　ミニバブル？　インフレは、財政赤字を減少（相対的に）させる一方、金利が上がり日本国債の暴落を招きかねません。両刃の剣。アメリカも円安を望んでいないのにも関わらず、です。要は消費の先食い。7月の参議院選挙対策と言われています。日本の有権者は景気と雇用に弱い。一方、生活保護の10％近いカットを平気でやる自民党です。格差は広がりますが、世襲政治家だらけの自民党は、我関せず、弱者は知らん、どこ吹く風の様子です。

マスメディアの鋭い権力批判が今こそ必要です。テレビ、新聞などの論調を有権者はチェックしましょう。原発推進メディアには、見ない、取らない、読まないのボイコット。不買です。逆に厳しい批判を展開するなら見る、読む、好買です、つまりバイ（買う）コット。

今後の選挙では、国の選挙も地域自治体選挙も、自民党を落選させる。原発容認や推進政党、例えば日本維新の会、一部民主党などにも目を光らせる。落とす。これが肝心です。子どもたちの「いのち」を守るためには政治に妥協をしないよう、心してかかりましょう。

アメリカ、経済界、官僚の言いなりになる自民党に政治を委ねる限り、原発は無くならず、大地震も予測される中、もう一回原発事故が起きようものなら、日本崩壊です。

日本に原発が無かったら、福島の人々は、まったく苦しむことはなかったのです。

〈はみ出しコラム〉原発が日本に全く無かったら……と想像力を働かせてみませんか。共同体の分断も、福島の人々の苦しみも何も無かったはず。責任は明確ですね。

10

裁判で事故責任追求 子どもを守る訴訟も

反原発、脱原発の全国の裁判に支援を！

司法の正義を信じたい！　官僚機構からの独立を

２０１３年1月24日「東京新聞」夕刊に、「福島原発事故　東電前会長ら任意聴取」という見出しが載りました。業務上過失致死傷容疑などの刑事告訴・告発を受理した検察当局が、東電の勝俣恒久前会長と清水正孝元社長から、任意で事情聴取をしていたとの記事です。東電が事故以前にマグニチュード８レベルの大地震の警告を得ていて、15・7メートルの津波が予想される中、それを無視し、対策を怠った件での刑事責任です。（事故責任は自己責任）

全国各地で長い間、原発を止めるための多くの訴訟がありました。（今も）。時間、お金、手間、圧力がかかる原発訴訟。国策で推進した原発ですし、司法も官僚機構の一部と考えれば、訴える側（原告）に有利な状況はあまり考えられません。マスコミと市民のバックアップが息長く必要です。

「ふくしま集団疎開裁判」は福島原発事故から子どもを守る闘い

毎週金曜日の官邸前集会では、文科省前や財務省上の霞ヶ関の官庁街で、「ふくしま集団疎開裁判」の切実な訴えに沢山の市民が耳を傾けています。これは、郡山市の子どもたちが、郡山市に対し放射能被害の不安のない地域で教育を受けさせることを求めている仮処分裁判です。（詳しくはそのブログをご覧下さい）福島県内では、自主避難にはお金がかかる上、自分の子さえよければいいのかとの批判もあったり、故郷を離れる避難そのものに否定的な雰囲気もあり、除染して故郷に戻ろうとする人たちへ水を差すのか、という見解もあるそうです。（辛い）また家族の事情、親の方針などで子どもが最優先されないことへの心配もあります。実に悲しい話です。ほかにも、いわき市などで避難生活を送る、東電を提訴した双葉町などの住民40人による19億円の損害賠償も２０１２年12月３日に始まりました。被害者の要望を東電が一切聞こうとしないために提訴を決めたとのこと。また、避難でうつ病となり自殺に到ったふたつの提訴もあり、東電が争う姿勢との新聞記事も２０１２年9月にありました。

これらだけでなく、東電株主代表訴訟や福島原発告訴団の訴訟（共に後述）など、大きな提訴もされています。私たちはできる範囲で応援し、傍聴も含め、福島や全国の裁判が公正に行われることを見守りましょう。

〈ふくしま集団疎開裁判　http://fukusima-sokai.blogspot.jp/〉

この他、〈「生業を返せ、地域を返せ！」福島原発事故被害弁護団
http://www.facebook.com/pages/生業を返せ地域を返せ福島原発事故被害弁護団/257924850946820

11

福島原発告訴団
被害者、怒りの裁判

福島県民、万感の想いを背負っての訴訟

全国へと広がった、この告訴が意味する福島の心

告訴団団長の武藤類子さんはなぜ告訴告発をしなければならなかったのかを、不条理の中で生きる福島の人々の万感の想いを込めて、私たちに伝えてくれています。（※下記インタビュー）２０１２年３月16日の「福島原発事故の責任をただす！　告訴宣言」と同年６月11日の「福島原発告訴団」告訴声明にはこの告訴参加者の心をひとつにしたメッセージが綴《つづ》られています。共に福島の心が読む者に突き刺さり、胸にぐっと迫る感情を抑えることができません。第１次告訴は福島県民１３２４人、第２次告訴は全国各地の有志１３１１９人が告訴人に、１４３人が告発人になり、東電と国を訴えました。東京と福島の両地検がそれを受理し、関係先への捜査が行われています。脱原発を願う、すべての市民の支援が大きな力となります。

※岩波書店「世界」2012年８月号武藤類子さんインタビュー
ほんの木刊「もう原発はいらない！」武藤類子さんへのインタビュー

責任者へ刑事告訴で事故責任を問う裁判、心ある原告らが勝たなければ無慈悲……

　福島原発告訴団の会則には、この団体の目的として、「事故により被害を受けた住民で構成し、原発事故を起こし、被害を拡大した東京電力株式会社及び国の原子力委員会、原子力安全委員会、経済産業省原子力安全・保安院等の責任者を刑事告訴することを目的とします」とあります。東電の経営者・役員をはじめ、関係者を33人特定し、特定された人物について広く告訴人と告発人※を募り、集団で刑事告訴をすることがその活動で、会費と寄付金を中心に運営されています。長い厳しい裁判になるかもしれません。他の反&脱原発運動同様、多くの原発ゼロ、廃炉を願う市民のサポートが必要です。（会費は一口1000円、詳しい会費、カンパの連絡先は事務局本部（福島）FAX0242・85・8006　080・5739・7279
http://kokuso-fukusimagenpatu.blogspot.jp/　E-mail　info@1fkokuso.org

　こうした、裁判を闘わない限り、東電からも国からも専門家からも責任者が出てきません。武藤さんらが投げかけた「福島原発告訴団」の勇気と、それを担当する心ある弁護士たち、応援する全国の市民グループを支援しましょう。

　告訴声明は「この国に生きるひとりひとりが大切にされず、だれかの犠牲を強いる社会を問うこと」「事故により分断され、引き裂かれた私たちが再びつながり、そして輪をひろげること」「傷つき、絶望の中にある被害者が力と尊厳を取り戻すこと」を厳《おごそ》かに表明しています。

※（因みに、「告発」とは被害者でも犯人でもない第３者が捜査機関に犯罪事実を申告し、犯人の処罰を求める意志表示を意味します）

12

東電株主代表訴訟 大株主は原発推進派

人災事故の責任者追求、逃がさないぞ！

東電株主代表訴訟、超大型５兆５０４５億円

国会事故調査委員会は「原発事故は人災」だとしました。でも誰も人災責任を取っていません。その責任ある東電の歴代取締役たちは多額の退職金を手に、関連会社などに天下りし、悠悠《ゆうゆう》自適の人生です。福島の、今も避難生活を強いられる約16万人の県民と比べ、経済的にも人道的にも理不尽すぎます。

日本は「放置」国家ではなく、「法治」国家です。犯罪責任は問われてしかるべき。この東電株主代表訴訟は、歴代取締役たちに社会的責任を取らせるため、始められました。脱原発・東電株主運動を中心にした株主42人が、脱原発弁護団連絡会の23人の弁護士を代理人として、東電の現及び歴代取締役60名に対して経営責任を求め、総額５兆５０４５億円を東電に27人が支払え、との損害賠償請求訴訟を、東電監査役に代わって提訴したものです。

1989年から始まった戦い、勝って全額を福島被災者への賠償に

この裁判により賠償金が被告から東電に支払われた場合は、全額を被災者への賠償に使うことを「東電株主代表訴訟」の当事者たちは東電に要求しています。東電の歴代経営者たちは今までの株主総会で何度も脱原発・東電株主運動の株主らからの、原発から撤退の要求を退け、またM８クラスの大地震と15・７ｍの大津波の予測が政府から２００８年にされていたにも関わらず、何らの対応もせずにそれらを放置していました。福島第１原発過酷事故は経営者たちが、自らまきちらしてきた安全神話にあぐらをかき、安全対策を怠ってきたための人災です。

一般に訴訟は長びきます。どの裁判でも証拠収集や証人尋問などの、立証活動その他に、労力と費用がかかります。訴えた株主42人と23人の弁護団へのカンパがなければ大変です。支援の輪を広げましょう。また法廷への傍聴もこの運動への力強い励ましになります。ホームページをチェックしたり、事務局へ連絡をしてはいかがでしょう。この代表訴訟の事務局長は、本書88頁にご登場の木村結さんです。１９８９年から借金をし東電株１００株を59万円で購入しスタート。毎年株主総会で会社に脱原発を求め続けています。また株主訴訟では東電が隠してきたテレビ会議録の原本コピーの保管手続きを取りました。加工のない記録が公開されることを期待します。（「東電株主代表訴訟」連絡先０９０・６１８３・３０６１（木村結さん）ブログ：http://tepcodaihyososho.blog.fc2.com/　E-mail: nonukes0311@yahoo.co.jp

〈はみ出しコラム〉木村結さんは、東電大株主へのボイコット（不買）を提唱しています。生協や消費者運動、弁護士の皆様、先頭に立ってボイコットを始めて頂けませんか。日本に不買運動を根付かせましょう。

13

原子力ムラの解体をお手伝い致します

廃炉技術、処理技術世界一をぜひ！

深い闇の様な原子力ムラ、解体への道

原発利権談合共同体＝原子力ムラをどうやれば解体・民主化できるかは、非常に奥の深い闇の様なその構造を認識すること抜きには始まりません。原子力ムラって変だよね、とお考えの皆様は、相手の実体を見抜いて、解体を手伝いましょう。

原発は国策民営です。国策とは霞ヶ関官僚と主に自民党が推進者。資金は税金、国民のお金です。民営とは電力会社。北海道、東北、東京、中部、北陸、関西、中国、四国、九州、（以上は原発あり）沖縄（原発なし）の10電力会社。地域ブロック化された独占公益型企業体です。収益は電気料金。電気代は大企業用は安く設定、家庭用が収益源、東電は利益の約91％がその家庭用からです。電力は事業用で約60～70％、家庭用には約30～40％使われています。

パンドラの箱の蓋《ふた》は開いたけれど、原子力ムラ利権の網の目は魑魅魍魎《ちみもうりょう》の闇の中

この間の原発事故報道でパンドラの箱の蓋《ふた》が開き、原子力ムラの構図が見えてきました。約3000社といわれる協力企業群があり、全国各地の経済団体の多くは電力会社のトップが事実上トップ。※総括原価方式と言う必ず利益が出るルールに守られ、電力会社から独占事業の金がムラに回ります。経団連が原発を強力に推進する理由は電力会社が商売の胴元だからです。

官僚はご存知、経済産業省などの天下り先が電力、エネルギー関連の公的組織や関連企業群も多く、基本的に原発推進です。また、原発メーカーは、日立、東芝、三菱重工の3社。原発を作ってビジネス、廃炉もまたビジネス。長期に渡って商売になるのが原発。それがやめられない構造の原因。技術は海外輸出も狙い、また長期間、その事業で利益が見込まれるのです。立地自治体へは豊かな資金を流し、雇用拡大の名目で54基となりました。反対派へはあらゆる工作でそれを潰す。議会への対策として、電力会社の派遣議員を誕生させました。

マスコミ対策には広告掲載料やテレビのCM料。口を封じペンを鈍らせる作戦。これらを仕切る下請組織が電事連（電気事業連合会）。現会長は関電会長。事務所は大手町の経団連ビル。学者は、反原発だと不遇にされ、優遇されるのは多くが推進・容認学者。いわゆるお金に弱い御用学者です。労働組合は電力会社の経営側とコインの裏表の「電力総連」、これまた立派な御用組合。さらに協力企業の労働組合が「電気連合」これらは共に民主党の基盤の一部です。

※総括原価方式は原発を作れば作るほど、電気を使えば使うほどもうかる電力会社の仕組み。発電と送電にかかった全費用に一定の事業利益を加え、電気料金が設定できること。原発推進を支えたメカニズム。この解体も重要。

14

霞ケ関こそ民主化を 官僚機構は岩盤強固

選挙、司法、外圧が有効とは言うものの

「官僚」の国策を変えるには、どうすればよいのか

原子力ムラ同様に岩盤が固い官僚組織。官僚=公務員・役人は、入省時、国家試験に合格し、以後首にならず失業は原則ありません。選挙での罷免《ひめん》もさせられず、実質的に国民の手の届かない位置にいて国策を担当します。司法、警察、公安、検察、国税などの権力も含めて、日本全体が官僚機構の実質的支配の下にあります。つまり官僚の手にある国家権力は選挙で選べず、官僚が国民に誤りの責任を取る仕組みが担保されていません。責任は政治家、政党、政権が選挙で国民の判断を受けることになります。

またこの官僚を実質的にコントロールできるのがアメリカ政府と考えられます。日米安全保障条約、つまり日米同盟の下での支配関係が、官僚=政治=経済に到るまでアメリカの影響下にあるのは、もはや常識、残念ながら、日本の戦後の宿命です。

国民は官僚を選べない、入れ替えも罷免《ひめん》もできない（改革方法が見えない？）

どうやったら官僚主権を民主化できるのか、国民が国策を選べるのか、これも、アメリカの圧力からの自由化と同様、解決策が容易には見当らない問題のひとつです。行政・官僚改革が叫ばれ、何度も政治側から仕掛けられたものの、すべて失敗に終わっています。

実体上は本書94頁、元官僚の小島敏郎さんのインタビューにある通り、外圧（アメリカ）、司法（裁判での判決）、選挙（政治）が官僚の方針や国策を変える手段です。一例では、民主党の野田政権は２０１２年秋、「原発ゼロ」をめぐり、アメリカから「変更の余地を残せ」との骨抜きを指示され、閣議決定を見送りました。アメリカの要求は日米安保への影響懸念とか。

原発は１９５４年、戦後初の原子力予算が当時の中曽根康弘議員を中心に保守3党により議員提案され、国策化されて今日に到ったことは多くのメディアで報道されています。とりわけ「変われない霞ヶ関」２０１２年10月22日朝日新聞7面には詳細な裏事情が民主党のふたりの議員によって語られています。要は、２０１２年8月下旬、電事連により原発推進派議員に配られたペーパーで「原発をゼロにすると日米間の核不拡散体制が不安定化し、アメリカの原発産業も影響を受ける」ことや「霞ヶ関が原発ゼロにするのが嫌だから処分場や核燃事業に代わる地域振興策の答えを出すのをさぼった」との記事でした。核燃事業の中止は政府＝官僚の国策の誤りを認めることになるので、青森県の反発のせいにしている、とあります。

〈はみ出しコラム〉官僚機構は明治時代から続く超強力組織。勇気ある元官僚の皆様、よい知恵をお貸し下さい。その方法が確立されれば反原発市民による国民栄誉賞確実です。

15 経団連、経済界の圧力 原子力ムラの総本山

電力会社連合体の「電事連」もご用心

原子力ムラの元締め、これをどうする?

原子力ムラの総本山と言えば経団連。節電?のためか(笑い)夜はほとんど電灯が点いてない経団連会館、その中に電気事業連合会(電事連)と言う、電力各社のエージェント組織も同居しています。経団連は日本の大手主要産業が結集する原発推進の強力岩盤です。原子力ムラの原発協力会社約3000社は多かれ少なかれ、税金と電気料金からビジネスを得て、かつ事業用には安価な電力を購入でき、一粒で3度おいしい仕組の中にいます。

また電気事業連合会は原発を全国で推進するために、長年に渡り強力にロビイングを続けてきました。自民党との深い関わりが知られており、テレビCMや新聞広告出稿を始め、多くのメディアを使い分け、原発推進、安全神話PRの旗振り役として強力な活動をしてきました。(今もしてますよね?)

企業倫理、コーポレートガバナンス、問われませんか？

電力会社のトップが交代で集う、電力会社の別動隊、電気事業連合会は、豊富な資金が強みです。これって電気料金からのお金ですよね。ともあれ、どこに原発を作ろうと、商売にできるのが経団連傘下の大手企業群や協力企業です。つまり持ちつ持たれつ、一蓮托生。カラクリはこのシステムにありますが、それらの企業に働く人たちはどう考えているのでしょう。一流企業に入り、一生安泰、身分は保障、自分の幸せまっしぐら？　でしょうか。原発事故なんて起きない、大地震なんて来ない？　安全神話の信者？　次に万が一、また大地震、大津波、原発事故が起きた時、日本人、そしてあなたのお子さんどうなりますか？　経団連や大手町、丸の内の巨大ビルも放射能被害で資産価値下落。なぜ日本の国土と国民と自分たちの企業の安心・安全のために原発を止め、廃炉にし、将来の国や企業の安全を確保しないのでしょうか。若い人たち、子どもたち、彼らがやがて経団連傘下企業の将来を背負うのです。

どうも目先のことしか考えていない、作っちゃったから仕方無い主義で、おまけに途上国に原発を輸出しようとしています。企業倫理、コーポレート・ガバナンスは建て前ですか？　脱原発派が7～8割を占める国民の声を無視すれば、残す所、ネットの時代、企業商品のボイコットという方法しかないのかもしれません。原発推進企業の商品は買わない。財閥グループなら、全関連企業商品を世界中に呼びかけてグローバルにボイコットと、なりかねませんよ。

〈はみ出しコラム〉経団連って、もう不要な団体では？　編者の私は、ずっとそう思っていますが……。（他の経済団体も同様ですね）

16 労働組合も原発推進 御用組合よ御用だ！

電力会社と一体の電力総連とは？

原発容認・推進労組の皆さんの社会正義はどこ？

忘れてはいけないのが労働組合の存在。原発を推進してきた、強力な労組が、全国電力関連産業労働組合総連合（電力総連）です。北海道、東北、関東、中部、北陸、関西、中国、四国、九州、沖縄、原電総連、電発総連がそれ。日本全土に電線網のごとくまたがる超強力労組。原子力発電の推進は福島第1原発事故後も変わらず、「国会で国民が決めた選択。原発がNOなら、社民党や共産党が伸びるはず」との姿勢を悪びれずに取っています。実に傲慢《ごうまん》。

しかし、アンフェアな従来の原発推進国策や、電力会社で発覚した事故隠しや反対派潰しや、やらせの数々など、どこ吹く風。要は電力会社と一体となり高額優遇の利権を確保してきた組合。この岩盤も実は強固。脱原発への障壁です。労働組合だから何でも皆さん正義の味方、とは限らないのです。

電力総連さん、原発の現場で働く人たちの労働条件に目を向けて下さい

もうひとつ、忘れてはならないのが、原発で働く人々への想い。特に今も福島第1原発の1〜4号機で黙々と作業にあたる人々の厳しく、また不当に何重にも下請け化された状況や、健康への危険性を、電力総連の組合の方々は自分の身に置き換えているのでしょうか。東電経営者はじめ幹部組合員交代で事故現場に入るべき。公害は発生者責任です。

後は、人間の良心にまかせるしかないのかもしれません。労働組合は弱者で善、とばかりは言えないひとつの事例ですが、実に悲しいです。労組を名乗って欲しくないですし、中央組織である日本労働組合総連合会（連合）は先般、脱原発の方向性を出した以上、電力総連とは決別すべき立場だと考えますが、いかがでしょうか。連合が力を低下させているのは、この様な社会正義へのあいまいさからだとも思えるのです。過酷な原発現場で、多重下請けされた作業を担う人々を、連合の皆さんが守り、助けてあげてくれませんか。脱原発派の国民は改めて連合に拍手を送るはずです。産業べったり、利益優先か、人間のいのち、健康、子どもたちの未来の幸せを最優先し、その範囲での経済成長にとどめるか、連合の皆さんの良心と決断に、原発ゼロへの可能性がかかっています。利己か利他か？　市民は見てますよ。

同様に、電力会社から利益を得ている関連企業、協力企業、原子力ムラの労働組合の皆さんも、あなたのお子さん、お孫さんの「いのち」の安心・安全を第一に考えて頂きたいのです。

〈エクスキューズ〉労働組合全てをシビアに見ている訳ではありません。このページは原発容認・推進の組合への、お願いと批判です。一般の闘う組合は大歓迎です。特に非正規雇用や弱い立場の人々を守ってあげて下さい。

17

原子力ムラ発信の情報のウラを読む

メディアの用字用語にもご用心を！

マスコミの皆さん、情報公開、説明責任の追求を

メディア・リテラシーは今や、社会に必要不可欠な市民力と言えます。テレビ、新聞、雑誌、書籍にインターネットの無数の情報。どう読み解くか、何が正しい情報か、誰の言説が頷《うなず》けるか、信用に値するか。見分けが本当に難しい時代です。様々な情報を総合し、自分の考えを導き出す必要があります。

一方、国家権力である官僚、政治家、政党、経済界（原子力ムラを含む）はいかに自分たちの方針や都合のよい情報を信用させるか、反対意見を無力化すかにエネルギーを使います。記者クラブ発の記事がマスメディアに多いのもその理由であり、脱原発の様な反国策、反官僚、反推進政治家、反財界、反原子力ムラの情報は形勢が不利になりがちです。

まずそのメカニズム把握が、情報の背景を読み解く第一歩です。

「メディアを読み解くノウハウは？」

まず、その情報は誰にメリットがあり、誰に不利かを推察しましょう。原子力ムラや推進派の立場は、あくまでビジネス、利益です。損をしてまで原発を推進はないはずです。逆に脱原発側で経済的メリットがある人はいませんよね。原発反対の人々は、「いのち」を守ろうと必死になっている人たちです。この見分けが第1。一方、マスメディアは、どうしても広告収入やコマーシャル料金収入事業に引っ張られます。例えば51頁にある様に、原発容認の読売新聞、産経新聞と脱原発の東京・朝日・毎日各新聞の記事の違いは歴然としています。また、日経新聞しか読まなければ、反原発には無関心になりそう？　テレビは新聞社と各テレビ局が系列化しているため新聞論調に同調姿勢が出がちです。特にコメンテーターの人選で、どういう傾向が新聞で書かれたり、テレビで語られたりするかで、論点を自分なりに整理できるはずです。さらに、新聞の姿勢は読者欄に顕著です。社の傾向が出ます。メディア・リテラシーには欠かせません。メディアの中立に絶対規準はありません。あるのはその社の主観上の中立論です。

後は用語のトリックにも注意が必要。「風評被害」は一例。原発事故の責任は東電と国。市民同士の風評被害合戦は事故の風化や分断の手法。裏読みすればわかります。原子力イコール英語では核と同義。日本語で目的別に危険性を表わさぬよう、官僚や原子力ムラは事故を事象と言ったり、様々な用語上のテクニックを使います。ネットについては別途の本でいずれ。

〈はみ出しコラム〉本書の140頁、マエキタさんのインタビューにある通り教育が原点かもしれません。メディアリテラシーはネット時代こそ肝要。

18

自分メディアで発信
自分新聞やネットで

原発反対にあいまいな人々へ発信を

反原発、市民派の知恵の出し所

自分で、仲間で、メディアを作って脱原発を訴えるのはいかがでしょうか。家族に、友人知人に、職場でも、できれば今まで原発問題に関心の薄い人たちにアプローチできるといいですね。反原発・脱原発の考えを共有する人々の間だけで情報交換し、肩を叩き合っても原発ゼロの声は強くなりません。ここが市民派の知恵の出し所です。ビジネスと同じで、新しい顧客を獲得し、良いファンを、ユーザーのリピートをふやさないと原発ゼロに向かえません。

先の衆議院選挙の結果を見ればおわかりの様に、脱原発は、世論調査で景気・雇用、社会保障より優先順位が低いのです。これが日本人の現実。大手メディアの新聞やテレビ報道をあてにしてはダメ。気づいた市民が脱原発の想いと事実を自分たちで心をこめて伝える以外に、力を拡大できないのです。

神保さんのビデオニュースドットコム　http://www.videonews.com/
岩上さんのＩＷＪ　http://iwj.co.jp/
白石さんのアワープラネットＴＶ　http://www.ourplanet.tv.org/
山田厚史さんらの「デモクラＴＶ」もご覧下さい。

どのメディアを、誰を信用するか？

ネットは誰にも使いやすいですね。アラブの春や日本の脱原発デモや抗議集会なども、今やネットで広がります。事前の告知ができ、ライヴ中継もネットでキャッチできます。但し推進派はもっとしたたかにネットを悪用します。これ要注意。ツイッターは、なぜか橋下大阪市長が一番人気。安倍首相も得意そう。小沢一郎さんにもファンが多いとか。なぜか保守系の人が活用上手な気がします。大衆へのあおりがうまい人？　反対に忘れてはいけないのが、脱原発派世田谷区長の保坂展人《のぶと》さん。（本書132頁）今4万7000人のファンがいるそうです。

プロのジャーナリストのメディアとしてビデオ・ニュースの神保哲生さん、IWJの岩上安身さん、アワープラネットTVの白石草《はじめ》さんたちの中身は必見です。（右頁下にアドレスあります）ラジオ番組では、2012年9月で打ち切りになった大阪毎日放送の「たね蒔《ま》きジャーナル」※が脱原発に力を入れていました。京大の小出裕章さんらの出演で話題でしたが、なぜか終了。しかし、有志の募金等でインターネットラジオとミニFMで復活。カンパとボランティアで始まっています（拍手）。雑誌では週刊金曜日やふぇみん新聞など紙メディアにも渋い存在感のある情報があります。市民が情報を自分で嗅《か》ぎ分けるのが一番ですね。

自分で作る新聞や実名ネット情報も有効です。それと英語でも発信して下さい。アメリカや海外のメディアへのネタ提供のためと、世界の市民との脱原発ネットワークのためにです。

※「たね蒔きジャーナル」の後番組は、「ラジオ・フォーラム」。周波数79.7MHz　H. P. http://www.radiokishiwada.jp/ 毎週（土）・PM 9時～10時　再放送（月）PM1:00 ～ 2:00「ラジオきしわだ」
インターネット http://www.radiokishiwada.jp/simul/index.html

19

マスコミを味方に良いメディアを応援

テレビは注意、新聞は明確な傾向が

ネットの匿名性はまだまだ危険

世論を左右する大手メディア。メディアの論調や紙面割合、頻度《ひんど》やテレビでの取上げ方、放送時間の長短などは、政治を動かし、国民の幸・不幸すら決めかねません。このメディアを今までどおり市民が何もせずに与えられるままでいると、政権、官僚、経済界の思う方向へと世の中が流されかねません。

原発事故の報道全体で見ても、反原発・脱原発デモや抗議のニュースは、非常に少なかったと思いませんか。メディアの役割は何でしょうか。

国策に従わず、官や政や財の方針に反対する市民の行動に価値を感じないのでしょうか。なぜ市民運動に冷ややかなのでしょうか。逆に、どうやったらマスメディアを市民の味方にすることができるのでしょうか。原発をゼロにするためには、マスメディアの力が重要です。志ある記者を味方にしましょう。

「新聞、テレビへの選択眼が課題」いつもの様に何となくが、原発推進派の思うツボ

「マスコミ倫理懇談会全国協議会の第56回全国大会」で、震災と原発事故の新聞・テレビ報道の傾向、特徴についての調査結果の発表がありました。専修大学藤森研教授の調査です。それによると、全国47紙の原発社説を分析した結果、将来の全廃をめざす「脱原発」が28紙。（朝日、毎日、東京・中日など61％）、依存度を減らす「減原発」が14紙、（日経、中国、福島民友など30％）、「原発維持」は2紙。（読売新聞と産経新聞）方向性不明が2紙。（福島民報と福井新聞）だったそうです。（2012年10月2日朝日新聞37面より）（テレビ報道は記事になし）

これを前提にすると、脱原発メディアは中央紙では主に朝日、毎日、東京・中日各新聞です。テレビ局では？　地方紙では？　どこか、についてはどうかご自身でチェックして下さい。少なくとも、原発維持は読売新聞、産経新聞のたった2紙。反原発・脱原発派の市民の方でこの2紙を購読している方は、いらっしゃいませんよね？（笑）

メディアを味方にするために、市民運動側の情報を記者クラブや、署名記事の記者に送る。テレビ番組のディレクターやプロデューサーに送ることもアリです。脱原発に取り組まないなら、もうおたくのテレビを見ない、新聞を買わない、とコメントするのも有効？　逆に、脱原発バリバリならば、見ます、買います、と激励してあげ、すり寄る（笑）。市民がマスコミを選び抜く、主権在民の第一歩。日本は主権在米、在官、在財、在政だったりする国ですから。

〈はみ出しコラム〉メディア批判が著しかった、3・11以後の日本。でもマスコミ応援も今後のポイントですね。原発ゼロを目指す新聞を特に励ましましょう。脱原発の記事は部数が上がると知ってもらうのです。

20

人気タレントさんカミングアウトして

反原発・脱原発の発信待ってます

あなたの影響力で、原発からあなたのファンを守る

先の衆議院選では脱原発の俳優、山本太郎さんが広瀬隆さんらの支援で東京8区に立候補。急拠ひとりで選挙に出て、世襲自民党議員の石原伸晃さんに挑戦、7万票強を取りましたが次点、でも私たちをびっくりさせてくれました。

終盤に、あのジュリーこと沢田研二さんが応援に入り、その日はすごい人出に……。そう、タレントさんや人気アーチストの脱原発へのカミングアウトは強力です。いわゆる人気取りのタレント議員はノーサンキュー。でも市民は本心で問題意識を持って立ち上がる本気のタレントさんには拍手です。

故・忌野清志郎さんは脱原発ソングを歌い、今も官邸前抗議の場所で、この歌が市民によって流されています。次のページでは具体的なアイディアを提案します。歌手、俳優、芸能人の方、ご参考までに。

「人気タレントさん、力を貸して下さい」所属会社もタレントさんに言論の自由を

反原発、脱原発で、東電や政府の記者会見などに出かけ吉本芸人兼ジャーナリスティックな活動をするのが「おしどり」。マコリーヌとケンパル、通称マコとケンの夫婦漫才コンビです。原子力ムラへの皮肉なコント動画「絶対！　原子力戦隊スイシンジャー」は、若手お笑い芸人集団の、やはり反原発のコント動画を展開する「尾米タケル之一座」が制作。

また、笑いで先輩の反権力集団「ザ・ニュースペーパー」も古くから芸域を政治に置いて人気です。（皆さん、芸能事務所で圧力を受けてなければいいのですが）日本のタレント事務所、芸能界、テレビ局は、政・財・官の圧力に弱くてそれが昔から大問題。しかし原発ゼロは原発利権帝国の国策をひっくり返すのですから、国民的人気タレント総動員でないと、岩盤はビクともしません。ぜひ反原発・脱原発運動に力を貸して下さい。第一線で成功してきた歌手やアーチストの皆さん、フォークやロックの皆さん、原発事故を二度とくり返さず廃炉にし、皆さんを応援するファンや、その子や孫たちのために、力を貸して頂けませんか。

例えば、反原発ソングを持ち寄ってアルバムを作るとか、「原発いらない」ソングを大ヒットさせるとか。忘れてました、マンガの脱原発、どなたか小林よりのりさんに続いて描きませんか。小説もよし、それを映画、テレビドラマにしてもよし、原発ゼロ、廃炉にする、原子力ムラを解体し、霞ヶ関の官僚を民主化しちゃうタレントさん、あなたの出番を待ってます。

〈はみ出しコラム〉タレントさんは少なかったですが、文化人や評論家には、「原発容認・推進」で電力会社をＰＲし、逆カミングアウトしてる人たちが多数いました。今は皆さん衣更え？　黙っちゃいましたが。（笑）

21
英語で発信市民の声 世界に、アメリカに

ネット時代のグローバル脱原発作戦

アメリカの世論やメディアに市民の声を届けるため

この本を書いていて、何度も固い壁にぶつかるのが、アメリカの政治と経済を通じた対日政策です。(日米安保・軍事がベース) そのアメリカに従属することで国家権力を支配するのが霞ヶ関の官僚機構。また官僚の天下りを引き受けながら腕力を発揮するのが財界、経済界。(電力会社・原子力ムラも)

一体どうやればその本家本元のアメリカに物を言えるのでしょうか。そこで考えました。日本から市民運動や反原発・脱原発の市民の声を英語でブログやツイッターの発信をするのが一番よいのではないか、と思うのです。ネットでの情報は入国ビザは要りません。英語堪能な方、どうか力を貸して下さい。日本語のネタを、同時に世界中のメディアや、政府、市民社会に届けましょう。アメリカ市民の良心の力も借りましょう。英語の電子書籍も有望です。

英語で告発、原発事故、日本の原子力ムラ、官僚機構と経済界の実態を発信し続ける

福島第1原発の過酷事故は世界が注目し、今なお4号機の危険性を含め収束に到っていない状況を知っています。この事故は日本だけの問題ではありません。地球を汚したのです。今やインターネットの時代、ネットの主言語は英語です。また、グローバル時代は、世界の原発をゼロにし、廃炉にすることも人類の共通のテーマのはずです。原発の危険性や東電、国の対応。福島の人々の苦しみなどを英語で発信する。原子力ムラの実態を意見広告で出す。発展途上国への原発輸出も、当事国の国民から反対の声を上げられます。この日本の近くには、韓国、中国、台湾の海岸線に原発※が多数あり、今後も増設されます。ひと度事故になれば、黄砂や粉塵《ふんじん》PM2・5同様、偏西風で日本中に放射能汚染が広がります。日本国内の原発だけに目を向けて生きていく時代ではありません。だから英語で発信することが、日本の原発をゼロにするためにも、アジアの原発を止めるためにも重要だと思うのです。

次の㉒でも書きますが、世界の脱原発市民と共に、原発を止めるために、原発推進企業への世界と連帯したグローバル・ボイコットも一案です。日本に世界と共有の政党はありません。唯一、まだ政治団体ですが「緑の党」はグローバル・グリーンズと言って、世界の緑の党とネットワークしています。英語が得意の方はぜひ反原発・脱原発をご支援下さい。また、英語でアメリカの新聞に真実を伝えるため、意見広告を市民の資金で出すのも有効だと思います。

※現在韓国に運転中20基、建設中・計画中11基、研究用4基。中国には運転中13基、建設中27基。台湾に運転中6基、建設中2基、研究用1基があります。

22

ボイコットのすすめ 原子力ムラ商品不買

消費者がひとりでできる奥の手

やるなら世界と共に、グローバル・ボイコット

原発推進企業に待ったをかけ、原発を止め、廃炉を目指す市民にできる方法のひとつが、ボイコット、不買運動です。日本人はとかく腰を引きがちな非暴力のこの運動は、海外ではよくあります。昨年、英国でスターバックスが税率の高い英国で節税し、税率の低いスイス法人で価格移転をしていたと、不買運動にあい、応分の税負担をイギリスに宣言しました。グローバル時代は企業もグローバル基準です。従って、グローバル・ボイコットが強烈に効果がありそうです。日本では広瀬隆さんや本書にご登場の木村結さんらがこのボイコット運動を提唱しています。選挙の落選運動もボイコット。節電・省エネ、太陽光発電導入や自然エネルギー、企業や自治体のPPS導入（特定規模電気事業者）、自家発電なども電力会社へのボイコット運動ですよね。

世界の原発をゼロにし、廃炉にするために、国際的連帯でグローバル・ボイコット

原子力ムラの中心は大手のグローバル企業、経団連に加盟する会社も多いはずです。ボイコット（不買運動）をやるにしても、日本国内だと相手から圧力がかかる、覚悟が必要？　とお考えの方、世界の市民運動やＮＧＯに呼びかけてはどうでしょうか。世界中で原発推進や原発輸出をする企業やグループ全体を名指しし、ボイコット。電力会社の大手株主もボイコット、不買。効果は大きそう。どう広がるか？　日本企業は外圧に弱い、世界に進出している企業は特に。従って何であれ、英語の情報発信をネットで行うアクションをおし進めましょう。

またhttp://d.hatena.ne.jp/toudenfubarai/は電気代分割払いのホームページです。そこで様々な活動がのっています。電気代の自動引落しは、原発推進への白紙委任状と同じです。まずは毎月振込用紙払いに切替える、などはいかがですか？　これも部分ボイコット。

さて、バイコット（造語）好買、選買アクションもボイコットの逆に有効です。例えば東京新聞は、反原発姿勢を明確にし、ストレートな記事で部数が伸びているとか。ガチンコで東電や官僚機構の報道をしています。東京新聞を周囲にすすめる、全国紙にする運動を始めるのはいかがですか。また、朝日新聞、毎日新聞なども好買しましょう。脱原発を掲げるあなたの地域の地方紙も応援しませんか。原発ゼロへの確かな情報を今後も期待します。他に、城南信用金庫は脱原発を宣言しています。預金を移す。通販生活のカタログハウスも脱原発。

〈はみ出しコラム〉ボイコット専門の市民運動をどなたか始めて頂けませんか？　グローバルボイコットの方法で。強大な経済の力に対して、市民の力は結局、ボイコットしかないかも知れません。

23

省エネ・節電・自由化 電力地域独占を解体

電気代を安くし、電力使用量も減らす

電力会社の地域独占を、競争参入自由化へ

日本全体で原発の占める電力量は、全発電量の約30％と言われていました。だったら「使用電力の30％を削減する」との方針を実行したのが「原発に頼らない安心できる社会」を目指す宣言をした、脱原発の城南信用金庫です。日本の全企業、全地域で30％の電力カットができれば、理論上は直ちに原発はゼロに。もっとも、日本中で夏も冬も原発稼働ゼロで十分に需要が間に合うことは、3・11以後に実証され、電力会社のウソがバレてしまいました。

消費者側の努力として、ＬＥＤや家電の省エネ機器への切替え、様々な節電、企業の自家発電などがあります。一方、原発をゼロにし、化石燃料で十分まかなえる実態があり、原発稼働の根拠は無し。原子力ムラと電力会社の商売上の都合をタテに国策は変更できないという官僚の言い分けは通じません。

日本中の白熱灯や蛍光灯を全てＬＥＤに換えると、原発13基分の節約になるそうです。（日本エネルギー経済研究所）〈「緑の党」リーフレットより〉

低公害、効率的でコストの安い化石燃料をまず進める、同時に自然エネルギー推進を

市民感覚では節電、省エネは今や常識です。また、原発ゼロでも電力不足が生じないことも判明し、直ちに大飯《おおい》3・4号機を止め、古い原発と活断層の危険度の高い原発から順次即廃炉は、今や待ったなしです。存在すること事体が過酷事故へのリスクを抱えるからです。

省エネ商品の質も長足の進歩を遂げてきました。例えば1995年から2005年の間に、消費電力は大幅に減ったそう。メーカーの技術力でエアコンで43%、冷蔵庫で72%減だとか。再生可能エネルギーの※2頁先に固定価格買取り制度により太陽光発電を設置する家庭がふえ、企業も続々と事業参入しています。また民間の自家発電による分散型の発電能力が大幅に増加し、独占的電力会社以外からのＰＰＳによる安い電力購入も加速してきました。化石燃料の枯渇は、天然ガスの埋蔵量の拡大と共に遠のいています。自然エネルギーへの転換までの間は、天然ガス、安価となったシェールガスなど十分に今より安い輸入価格での入手が可能です。

発送電の分離、電力自由化を押し進め、コジェネの様な地域で効率的なシステムを普及させれば、全く原発のゲの字も不要です。国策を大転換させる勇気を官僚の皆さんに期待します。ただ、化石燃料が利用できると言っても、余分なエネルギー、電力消費は後の世代の資源の先食いです。自然エネルギーへの早急な転換や節電、照明のＬＥＤ化や家電買換え時の省エネは無理のない範囲で原発を作らせてしまった私たちの世代の責任として、取り組みたい課題です。

エネルギー問題やＣＯ２温暖化論は、広瀬隆著（集英社新書）「原発ゼロ社会へ！　新エネルギー論」などに詳しく説明されています。
上記の本によると日本の火力発電は石炭41.0%、ガス47.5%、石油11.5%。

24

自然エネルギー促進
日本の技術を世界へ

日本には1200万戸の屋根がある

地域分散型、地産地消で新しい時代を！

脱原発実現への道は最終的に自然エネルギーの開発・進展にかかっていますが、直ちに自然エネルギーにシフトできない点で、原発推進派の反撃に合いがちでした。自然エネルギーへの転換までの間、化石燃料でつなぐ。特に、値段の安いシェールガス輸入への期待が高まっています。さらに天然ガスを軸に、経済性で最も安い、また、排煙防止技術の進んだ石炭があれば十分まかなえるはずです。

ここで出るのが、原発推進側が例に出す温暖化CO2説。しかし温暖化はCO2が原因ではないとする説も強くあります。いずれにしても自然エネルギーへの関心と参入は、太陽光発電の普及、風力、バイオマス、地熱、地域の小水力発電など、様々な可能性が開け、企業の関心も進んでいます。脱原発の代案ビジネスの成長が待たれます。

さつまイモ乾燥チップでの燃料や藻《も》のバイオ燃料も、再生可能でエコロジカル

原発を再稼働させないためには、地域独占電力会社への電力依存を減らすことです。特定規模電気事業者（ＰＰＳ）は、電力シェアが３・５％、現在オフィスや工場など大口契約しかできませんが、ケーブルテレビ会社がマンションでの契約を始め、５～10％安い料金を設定。ＰＰＳは自治体にも広がり、原発ゼロへの確かな手がかりとなってきました。

２０１２年７月に施行された、固定価格買取り制度※（ＦＩＴ）は特に太陽光発電の普及に弾みを与えています。再生エネルギー電力を、一定の採算可能な価格で電力会社が買い取る制度です。世界80か国以上で導入されているとのこと。買取価格と電気料の関係など課題はありますが電力自由化、発送電分離などの施策が実施されれば、さらに進展するはずです。ひとつの例では、生協などで再生エネルギーの共同購入、配電構想も立ち上がっています。この電力生協がスタートすると、強力な脱原発の推進力になりそうです。市民の市民による市民のための電力です。公的施設の屋根のソーラーや、屋根貸しという考え方。福島県では、藻《も》をバイオ燃料にする事業化、南相馬市のメガソーラー発電。最近では、休耕田でさつまイモを栽培し、チップ化し乾燥させ燃料にするとコストが安く、全原発分生産が可能、との研究成果も発表されています。また、地域小水力発電、地熱、風力も進んでいます。原発即ゼロ、化石燃料でつなぎ、自然エネルギー開発のスピードアップ。これが原発ゼロへの正攻法です。

※固定価格買取制度は2012年７月スタート。太陽光、風力、水力、地熱、バイオマスを用いて発電された電気を一定価格で電気事業者が買い取ることを義務づけた制度のこと。

25

ライフスタイル変更 ひとりの力で脱原発

世の中を動かすのはあなたの力です

ライフスタイル、少しずつ変えてみませんか

脱原発を主張する上で、自らのライフスタイルを変えた人たちもいます。電気に丸ごとは頼らないという考え方です。例えば節電のため、家庭の契約電力アンペアを引き下げた人、使用上限（契約アンペア）を下げると基本料金が安くなります、但し、ブレーカーの取り換えが必要です。中には契約を打ち切り、暮らし方を変え、不便を感じないと言う徹底派もいます。テレビや冷蔵庫無し、買いだめせず、エアコン無し。風呂や暖房はガス。ソーラーパネルで自家発電だそう。（お見事！）経済成長を永久に追求できるのか？と、日本人の成長神話への疑問を抱く人たちも3・11以後特にふえました。便利、ぜいたく、もっとお金の悪循環への反省です。逆に生活レベルを改善できない輩《やから》（失礼）、人々が経済界や原子力ムラを始め、政権にもまだまだいますが。

成熟国家、人権、人々の平等性、「いのち」最優先で原発ゼロ。人格のある社会を！

原発が無くなると経済がダウンする。電気代が上がり、企業が海外へ逃げる。雇用が減る、これが財界の常套句《じょうとうく》。ちょっと待って！　１９８０年代末の円高以後、目ざとい企業は、為替変動を避けグローバル・マーケット戦略にシフトを変えています。人口減少、少子高齢化の日本の内需減少もそうさせています。電気代がアップする？　電力不足？　などの脅《おど》しは子どもだまし。本音は原発ビジネスが大減少するのを恐れた、「いのちより金」が狙いでしょう。

世界一の財政大赤字、超高齢化、少子化の日本に原発リスクは危機のダメ押しです。例えばオランダ型のライフスタイルこそ、成熟社会への転換に向け、参考にすべき姿です。ワークシェアリング、同一労働同一待遇。教育費は大学まで格安、国が持つ。安心して幸せ感ある子育てが可能。貧富の差は少なく、社会が平等性を重んじる。原発は最初の1基以後、草の根市民の力でストップ、（詳しくは小社刊「祖国よ安心と幸せの国となれ」リヒテルズ直子著に）

ライフスタイルを節電指向にする考えは、一種の電力独占へのボイコットです。でも無理なく、ほどほどをおすすめします。

一方、脱原発、自然エネルギー開発で成長や雇用が拡大するという積極的な見解もあります。（下段）これも一理アリ。ただいずれにしても、作った原発の廃炉や使用済核燃料・廃棄物の完全で安全な処理は見通しゼロ、先送り。毒性は10万年残存。原子力ムラは超無責任ムラ。

欧州では自然エネルギーの発電コスト（風力）は石油より安いとか。雇用もドイツで2010年に38万人増。東京新聞2013年3月11日21面によると、原発ゼロで現原発雇用8万人が、脱原発だと59万人に増加だそうです。

26

脱原発企業の応援を脱原発市民の責任で

企業のライフスタイルは企業の人格

原発推進企業名、英語でネットで名指しされますよ

企業のライフスタイルとはまぎれもなく企業倫理です。様々な企業や団体、公的機関が、節電や放射能対策、自家発電の増強、再生可能エネルギー・ビジネスへの参入、復興支援など、積極的に脱原発姿勢を示しています。脱原発指向は時代の前向き企業、推進側は後ろ向き企業、それが明確になってきました。国民の7～8割が脱原発です。消費者は脱原発に努力する企業を好意的に支持するはずです。（ねっ？　経団連の会長、独善はダメですよ（笑））

儒教的倫理に流され、官僚政府や財界などの長いものに巻かれる大手企業やその関連企業が多い中、毅然と物を言う組織や企業が現われています。原発推進の岩盤に風穴を開ける可能性は、こうした倫理観の正しい勇気ある企業と、そこに働く人々の良心で開かれます。それがグローバル時代の常識です。

企業も役所も公的機関も変わり始めています

日本の各主要メーカーは全国に工場があります。静岡県の浜岡原発近くにはトヨタや鈴木自動車が、茨城県東海村近くには日立製作所。島根原発近くには富士通のノートパソコン工場があるなど、系列や関連企業も含め原発事故が万一起きれば操業が止まります。日本各地の企業は原発を廃炉にして、企業と従業員と家族の安心・安全をなぜ確実化しないのでしょう。万一の事故時の放射能対策で海外などへの移転を考えるより、事故の元を断つこと（原発廃炉）が企業のリスクマネージメントのはず。日本企業の不可解な思想です。「物言えば唇寒し」「触らぬ神にたたりなし」？　なのでしょうか。しかし、物を言う勇気ある企業も沢山あります。さき程の城南信用金庫（東京）は「原発に頼らない安心できる社会」をめざし、脱原発商品を開発。「原発廃炉は経済的にも正しい」とする見解を同社のシンクタンクが発表しています。

また埼玉県の川口商工会議所会頭は、公正取引委員会に、東電値上げは独禁法違反と申し入れをし、「原発事故は国と東電両方に責任がある」との見識を示しました。脱原発を決議したＪＡ全中は、農業用水での水力発電に取り組むことに、地域分散型で合理的です。また、都は都庁の電力の３割を東電以外にするとしています。都立中央図書館も東電以外の新電力のエネットから、分割供給をスタート。本書ご登場の保坂展人世田谷区長のインタビューにもＰＰＳや区内のソーラー設置推進が語られています。まさに原発ゼロへの方法です。

〈はみ出しコラム〉反原発・脱原発企業って、「ほんの木」もそうなのです。読者の皆様、何卒よろしくお引き立て下さい。（急にしおらしく（笑））

27

使用済核燃料の処理 まだ先送りしますか

反原発市民も、廃炉条件の検討を

使用済み核廃棄物、全都道府県で乾式貯蔵は？

安心無し、信頼無し、情報公開無し。説明責任無し。日本の原発54基と「もんじゅ」「六ヶ所村再処理工場」への官僚機構と原子力ムラの姿がそれ。「原発をゼロに、廃炉に」を願う市民が、同時に一人ひとり課題を突き付けられるのが使用済み核燃料・廃棄物等の処理の問題。国と電力会社の責任で生まれたリスクとは言え、危険と費用を背負うのは国民であり、子や孫やその先の世代です。何をいつまで、どうしたらいいのかについて、完全な解決策はまだありませんが、原発ゼロ市民も覚悟と心構えにはしておきたいものです。ここではあえて、中間処理は、受益者が各都道府県で受益割合に応じて引き受ける。さしずめ東京都ならば、永田町の国会議事堂下、議員会館、自民党本部、霞ヶ関官庁街、経団連、東電本社地下に貯蔵することを提案します。

全基廃炉になるなら、電力使用量に応じて日本中で引き受けては？

原発の廃炉と最終処理へは、一体、何十兆円、何百兆円の税金と電気代が必要でしょうか。原発は実に危険で、ムダで税金泥棒的な事業でした。使用済み核燃料は、日本では国策としてすべてを再処理し、プルトニウムを取り出し続ける方針でした。しかし、福島第1原発事故で、このプルトニウムを混ぜて原発の燃料（MOX燃料※）とする再利用計画が失速。再処理工場がトラブル続きで稼働できず、コスト的にも限界に。

再処理をやめると、青森県は再処理施設に送られてきた、使用済核燃料を元の各原発に戻すと宣言。（覚書きがあり、そうすると）しかし、全国の原発は各貯蔵プールが満杯に近づき困り、あと数年であふれます。（現在平均、70％入っています）従って再稼働を推進する官僚も、自民党も、青森の再処理施設を継続させる以外に原発推進の方向に踏み出せず計画は自滅。

貯蔵し中間処理をする場合は、最終処理へのつなぎとして、乾式貯蔵での保管が今の所ベターと考えられます。大地震国日本での地下への処理は安全が担保できず、アメリカの様に30０年レベルの長期中間貯蔵処理をするとしても、その引き受け地がありません。恐らく最適地は決定が困難。本当は原発推進責任者、容認者が引き受けるべきでしょうがそれもムリ。苦汁の提案ですが廃炉と引き換えに技術開発を待ち、全国各都道府県の原発電力の受益割合で引き受ける方法か、世界で協議し、共同処理地を国際管理で行うかが現実的ではないでしょうか。

※ＭＯＸ（モックス）燃料とは混合酸化物燃料の総称。使用済み核燃料中のプルトニウムを再処理し、ウランと混ぜ濃度を高める。既存の軽水素炉でウラン燃料の代替で使うことをプルサーマル利用と言うが非常に危険。

28

廃炉への自治体支援 雇用と地域経済対策

ピンハネ構造を止め働く人々支援も

悪しき国策を、良き対策でバックアップ

原発は建設となると、立地自治体に国と電力会社から支援と金がつぎ込まれ、公共事業やハコモノ施設が次々とでき、働く場が生まれ、飲食、宿泊、サービス業までお金が回ります。一種の原発地域バブルなのかもしれません。立地自治体の経済や地域のひとり当りGDPが周辺を上回る。これが全国立地自治体で次々とくり返されてきました。

また、賛成派と反対派が生まれ、対立で人間関係、共同体の破壊もあったと言われます。

廃炉にしてゆく場合、こうした立地自治体の経済と地域住民の生活を、どう補償してゆくか。地域ごとの電力料金からか、国の税金からか？　どちらにしても代替案として、産業立地や雇用の場作り、自治体への財源を保証してゆかなければ、無責任です。脱原発には、立地自治体の生活の安心も必要です。

福島原発事故収束作業の現場に、東電本社役員、官僚、財界トップはご参加下さい

原発で働く人々に関する酷《ひど》い実態の新聞記事は後を断ちません。見出しを少しご紹介します。

■「除染作業員怒りの訴え。危険手当ピンハネされた。健康診断や講習も自費」、「線量超えれば仕事失う、正直に話せるはずない。被ばく隠し、追い込まれる作業員」、「使い捨て許せない。契約ずさん。人が集まらない」、(以上東京新聞、いずれも福島原発事故現場の核心に迫る記事です)

■「『脱原発』きれいごと、作業員40年、肺がん判明、立地地域の雇用議論して」、「今後どうすれば？　敦賀廃炉不可避、雇用は生活は？　誘致50年地元募る不安」(以上、毎日新聞、原発が廃炉になるとどうなるか、原発立地地域の問題点が浮き彫りに)

少くとも東電と官僚機構は加害者認識が不足してます。

これらは現実の姿です。東京電力は、なぜ本社ホワイトカラー社員が自ら交代で作業現場に入らないのでしょう。経営者幹部も社員も自分の家族を住まわせても安全との覚悟があって高い収入を得て原発を作ったのではないのですか。直ちに非人間的現場の仕事環境、待遇、健康ケアを徹底的に改善し、協力企業で働く人々を電力会社社員と同様に処遇すべきではないでしょうか。全国の原発作業現場も同じです。各電力会社は、下請け、ピンハネ構造を正せませんか。自分を原発の現場で働く人々の立ち位置で考えてみる。少しは責任を果して下さい。

〈はみ出しコラム〉原発反対を主張しながら、自治体経済や住民の雇用など立地自治体住民と想いをひとつにしませんか。例え責任者が自民党や原子力ムラだとしても、未来の世代への配慮も必要です。

29

小さなアイデアで原発ゼロの実現を！

ひとりの小さな行動を同時多発

ひとりでも仲間とでも、共感を広げれば大成功！

ここは小さなアクションを大きく広げるアイデアのページです。原発ゼロの実現には、選挙で勝つ、デモを日本中でドデかくやる、ボイコット運動を有効に生かす、海外メディアの協力や海外での意見広告で外圧、裁判で勝ち続ける、など、多彩な手段がどれも大事です。一方、小さな行動も、同時多発自分運動になれば力強い成果になります。

デモに事情があって参加できなくても、脱原発の意志表示は色々可能です。ひとりでやれること、仲間と始められること、自分の得意技を生かしてアピールすること、やろうと思えば何でもアリ。人々の共感を広げるために、知恵、汗、力、少々の時間とお金で、ぜひ始めて下さい。あとは継続。すでに行われているユニークなアイデアやアクションと、つたない頭で私が考えたヒントをお伝えします。

バンブードラム（天の川工房内・メルトダウン紹介グッズ）
http://amanogawa.ocnk.net/product/85（販売価格1000円税込）

「あなたのアイデアで原発ゼロの実現を」これらはほんの一例です

〈すでに行われていること〉●缶バッジで意志表示。（私もバッグにつけてます）●高知の四万十川発、デモ用竹楽器のバンブードラム。（右頁下段、メルトダウン商会）これ全員使ってデモやったら強力そう？●大飯停止まで歌い続ける滋賀☆アクション（毎週県庁前で）●原発避難者手作り放射線手帳を作り自費で無料配布。（消防職員ＯＢ、南相馬から三郷市に避難の方）問合せ馬場さんファックス　０４８・９４８・８９４２へ。●脱原発と反戦の風刺画展、神奈川県二宮の画家が開きました。（マンガ家の皆さん、脱原発マンガを連載とか、１人１枚展を開きません？　出版社の皆さん、企画して下さい）●その他官邸前抗議集会でのローソクアートはおしゃれ。忌野清志郎ソングコーナーもやるなあ。●デモ割りもあった。〈私のアイディア〉（柴田案）●どんな町にもカフェも居酒屋もある、毎週金曜日夕方６時から８時「脱原発カフェ」は？●デモのプラカード、センスいいものがいっぱいあります。アート性、メッセージ性のあるもの集めて、全国巡回脱原発プラカード展は？（私自身やりたい）●自転車デモも官邸前で格好いい。じゃあ脱原発ゼッケン着けてジョギングデモや、ウォーキングデモは？（暴走バイクデモは困ります）●脱原発合コンパーティーは？（思想で相愛？）「不謹慎！」だと怒らないで下さいね。脱原発カップルいいですよね。●全国の図書館に「脱原発コーナーを設けて」と頼む。図書館で脱原発本をオーダーする。なども。

30

市民の情報センター 脱原発カフェなど

地域から始める、原発ゼロの場作り

市民の作る情報センターは市民記者グラブにもなる

「再稼働阻止全国ネットワーク」をご存知ですか。福井県の大飯《おおい》原発３、４号機を直ちに停止させ、その他の原発を再稼働させずに、原発をゼロにするため、約50の反原発・脱原発の市民団体が集まり、全国的新組織をスタートさせました。

霞ヶ関の官僚政府と財界・産業界中心の原子力ムラは強力な体制で原発推進を企てています。その上に自民党という原発発案、推進政党が政権に就き、再稼働から輸出まで、流れを加速させようと狙っています。２０１３年７月の参議院選挙まではやや大人しく、景気対策で勝って、原発推進と憲法改定を一気に実行したいと目論んでいることでしょう。だまされてはいけません。脱原発の全国ネットワークや情報センターを市民が作り、マスコミに情報を提供する。外国人特派員にも送る。市民の対抗策です。

再稼動阻止全国ネットワーク　TEL070-6650-5549　FAX03-3238-0797
（再稼動阻止全国ネットワーク宛と明言して下さい）（アドレスは次の頁）

初めての人も、子どもも大人も、参加しやすいセンターを

ネットの時代ですから、全国16か所の原発立地地域の様々な市民運動グループの情報や、全国各地の反原発・脱原発の活動情報は集約しやすいと思います。もちろん、ネットで集めた有意義な情報を、日時別、テーマ別、都道府県別等に編集し、使いやすくするチームが必要です。各メディアに無料で配信してもよし、メディアの記者たちが情報を探しに来れる場所であってもいいと思います。市民情報センターは、全国の情報を脱原発になり切っていない市民に向けて、わかりやすく、「なるほどね、それなら私も脱原発」と頷《うなず》かせるニュースなどに編集してホームページ化したり、メルマガにして希望者に送ったり、ツイッターにできたらしめたもの。インターネットラジオや市民新聞もいいですね。こうした全国的市民情報ステーションからインターネットTVで毎日情報を流すこともアリですね。運営費用は市民有志の寄付。

一方、地域は地域で人の集まる場を作る、様々な運動や活動のニュース・チラシ、デモや集会などのお知らせを置く、人の集う地域の市民情報ステーションを作ってはどうでしょうか。自然食品店のオーナーの方々、お子さんを持つお母さんたちでお店が繁盛すると思いますよ。

脱原発カフェ、なんてどうでしょうか。その店に行くと様々なニュースが集まっている。一杯のコーヒーに脱原発への想いが香ります。障がい者の皆さんの作業所で脱原発情報ありますセンターはどうでしょうか。人を集めたい、人が集まるお店などにもおすすめです。

再稼動阻止全国ネットワーク
メール info@saikadososhinet.sakura.ne.jp
H. P. http://saikadososhinet.sakura.ne.jp

31

子どもたちへの継承「原発いらない」教育

私たちの前にはまだ長い道のりが

廃炉の完了は40～70年先、子どもたちへ家庭教育を

原発ゼロが実現する日まで、一体どのくらいかかるでしょう。「即ゼロ、廃炉！」は望むところですが、そうは原子力ムラの問屋が卸しそうにありません。おまけに廃炉へ踏み出せても終わるまでに40～70年、いやそれ以上かかるかもしれません。

使用済み核燃料・廃棄物等の中間処理、最終処理も後の世代が安全管理を継承せざるをえず、子どもたちの世代への、脱原発と放射能についての正しい認識が必要です。これを国の教育にまかせれば、再び原発容認・推進教育になりかねません。

後の世代に行けば行くほど反原発・脱原発への考えが強まる方向へ子どもたちを導きましょう。より安全な廃炉技術をもちろん研究開発しながら、大人世代の責任で。政府の思うようにはさせない、家庭から「原発いらない」教育をして頂けませんか。

そう言えばこんな危険も…。危うい「地上の太陽」核融合発電　岐阜・土岐市で実現　東京（中日）新聞特報記事2013.02.07
http://rengetushin.at.webry.info/201302/article_6.html

子どものための「原発ゼロ・廃炉ブック」も作りたい（どなたかお先にどうぞ）

もしこの本が売れたら、その資金で「子どものための原発いらないブック」（仮題）を作りたいと考えています。（気が早いって？　笑われますね）３・11で明らかになったのが、国策で作り続けた原発に対し、情報公開をせず、安全神話で国民をごまかし、反対者に圧力をかけ、事故が起きても責任回避、補償も不十分で引きのばし、風化作戦に終始。おまけに原発教育で子どもたちにゆがんだ情報を与え続けた霞ヶ関の官僚と原子力ムラ。

子どもたちには、大人のウソを見破る力を与えましょう。原発リテラシー※です。将来に備えて正しい知識と感性を伝えましょう。事故が起きたらどうなるかを知ってもらう。自分たちの未来に対し、何が大切かは自分たちが決めてゆく。これは残念ですが、もし、私たちの世代で原発廃炉を達成できなかった時の構えとして、早急に家庭教育が担わなければできません。

自民党政権の仮面の下の薄ら笑い、相変わらずバラ撒《ま》かれる原子力ムラへの莫大なお金、官僚の自己保身や天下り、無為無策、景気と雇用が原発事故リスクより重要と考える国民性、それらを目の前にすると、次に大地震が起これば、原発で日本を崩壊されかねない異常な空気を感じます。大地震、大津波は必ず来ると政府関係者が警告しています。日本中原発だらけ。逃げ場所は無しです。放射性廃棄物処理の目途は立っていません。原発の危険性と財政赤字のツケは、みんな先々の世代へ先送りなのです。

※リテラシー（Literacy）読み書きの能力、ある分野に関する知識・能力のことも意味する。

32

団塊世代の皆様へ世直し始めませんか

電気を使いまくった世代の罪滅ぼし

原発廃炉は団塊世代の世代的責任で！

１９４７年～以後生まれの団塊世代の皆様、定年を迎えた日々を、いかがお過ごしでしょうか。年金受給までの間を働いていらっしゃる方も多いとお見受けします。日本で一番世代別人口の多い団塊世代の皆様は、高度成長のまっただ中で、日本の経済繁栄期と共に人生を送ってきました。同時に、エネルギー消費もうなぎ登り、原発は今日まで54基に。

学生運動が世界的に盛りあがり、日本でもいわゆる政府自民党、国家、大学、アメリカなどに対し全国各地で闘いが繰り広げられました。もしかしてあなたはその時に、デモに加わっていませんでしたか？　その後企業に入り、それなりの人生を過ごし、いつの間にか企業の論理を身に付け３・11の日まで原発の危険性を忘れていなかったでしょうか。今から立ち位置を昔に戻してみませんか。

旅行、温泉、山登り、蕎麦打ちの手足をたまには休めて、デモやボイコットにご参加を

団塊世代の心ある皆様にお願いします。原発をゼロにし廃炉にするために、力をお貸し頂けませんか。自分たち自身の身の危険などのためではないのです。あなたのお子さんや、お孫さんの世代のためにです。またあなたのご家族への原発事故の心配は、同じように、すべての日本中の家族や若い未来ある人々の問題なのです。次世代、さらにずっと先の世代のために、脱原発行動にご参加下さい。もう参加してるよ！　とおっしゃる皆様、ありがとうございます。

自民党に政権が戻り、生活保護費が切り下げられ、消費税がアップし、富裕層に有利な税制に変わり、弱い人々はますます厳しい人生を強いられます。これって、昔の全共闘の目指した社会正義へのテーマと同じではないでしょうか。原発ビジネスは、その歪《ゆが》む社会の根底に横たわる、一部の心ない人々による利権と談合の集大成です。一緒に原発を根絶しましょう。まず日本を原発の危険から遠ざける。それでも廃炉にするには、一基につき約70年もかかり、（東電の吉田前所長は300年かかるとの発言もあり）毒性は10万年もなくなりません。日本の原発を廃炉にしたら、直ちにアジアや世界中の原発を廃炉にするために力を尽しませんか。官邸前デモに出かけると、多勢の団塊世代と思われる方々に出会います。寒い中暑い中、頭が下がります。またひと世代上の第1次安保闘争世代の方々も沢山おいでです。皆、心は同じです。福島の人々に心を寄せ、次のその先の世代の幸せ、安心・安全のために集まっています。

〈はみ出しコラム〉このページはかって正しいメッセージを発していた、団塊世代の方々へ贈る言葉です。私は（編者）全共闘には組みしませんでしたが、彼等の考えは共感していました。一生かけて目指すべきテーマだと。

33
ツケを先送りしない人間としての誇りを

「7つの社会的大罪」を心に

7つの社会的大罪（Seven Social Sins）
理念なき政治　Politics without Principle
労働なき富　Wealth without Work
良心なき楽しみ　Pleasure without Conscience
人格なき学識　Knowledge without Character
道徳なき商業　Commerce without Morality
人間性なき科学　Science without Humanity
犠牲なき祈り　Worship without Sacrifice
（マハトマ・ガンジーが1925年、自らが編集する「young India」誌に寄せて書いたものです。）

〈最後のお願い〉
この「7つの社会的大罪」を、すべての原発を「容認または推進」する官僚の皆様、企業、学者、政治家の方々そして電力会社に贈ります。加えて、いくつかのお願いを再度させて頂きます。

原発をゼロにするために、私たちにできること

原発はゼロにして廃炉へ。世界は日本の事故後の国のあり方、市民の選択に注目しています。不戦を誓った平和憲法と原発廃炉で新しい日本の未来を創りませんか。デモはちょっと遠慮します。講演会や集会は行く時間がない。でも気持ちは脱原発と言う方。子どもを守りたいお母さん、お父さん。孫が可愛いおじいちゃん、おばあちゃん。これからお子さんを持つ貴女へ、そのパートナーへ。そして若い世代の皆さんへ。一緒に原発ゼロ活動をお願いできませんか。

すべての官僚・公務員の皆さん、矜持《きょうじ》を。原子力ムラの皆さん、人間としての倫理を。御用学者の皆さん、哲学を。経団連のおえらい皆さん、社会的公正を。労働組合の皆さん、利他の心を。政治家と自治体議員、首長の皆さん、弱い者への献身を。マスメディアで働く皆さん、真のジャーナリズムを。そして自民党の特に世襲議員の皆さん、最低限のまともなレベルの民主主義の認識を。そして、市民の皆さん、福島の人々の不条理と困難の中にある苦しみ辛さと、原発事故現場で今も作業にあたる人々の厳しい現実を、私たちの中に共有しましょう。

同じ過酷事故が二度と起きてはなりません。原発の危険性や廃炉問題も、使用済核燃料・廃棄物等の処理も国家財政の大赤字も、この国はすべてを先送りし、次の世代にそのツケを回してきました。心無い人々の強欲な国策や、単に己の利を追う企業とそこに働く人々がリスクをすべて子や孫へ押しつけたのです。一人ひとりで始めませんか。原発ゼロの世界を目指して。

〈はみ出しコラム〉このガンジーの言葉は、「ほんの木」のオフィスで額に入れて置いてあります。私たちの心構えとして。零細出版でもそのくらいはやっています。原子力ムラの皆様、どうか原発を直ちにゼロに！

㉞ あなたのアイデア自由にお書き下さい

この㉞はおまけのページです

あなたの原発ゼロへのアイデアをお寄せ下さい

最後のテーマは、あなたのアイデアをお書き頂くページです。次の白いページに何なりとご記入下さい。あなたが自分でやれるアイデアがベスト！「33の方法」のアレンジでも、まったく別の画期的アクションでも、家族や仲間と始めるプランでも結構です。よろしければ、そのアイデア「ほんの木」にパクらして頂けませんか？（笑）本書にさし込みハガキがあります。切手不要ですので、そこにご記入頂いて、「ほんの木」までお送り下さい。プレゼントはありません。（苦笑い）でも子どもたちのために、原発ゼロを一日も早くプレゼントしましょう。

次のPART2では反原発・脱原発で活動する12組の方々の実践録をインタビューさせて頂きました。「33の方法」に重なる様々な運動や想いがつまっています。ぜひご支援をお願い致します。（柴田敬三）

ＰＡＲＴ１の①～㉝参考資料は東京新聞、朝日新聞、毎日新聞はじめ、多くの書籍や週刊誌などのお世話になりました。また、官邸前抗議集会での様々な市民団体のチラシや資料も参考にさせて頂きました。深く感謝します。

あなたのアイデアのページ

本書にさし込みハガキがありますので、あなたのアイデアを、そのハガキにご記入の上、ぜひお送り下さい。

PART 2

私たちの反原発・脱原発運動――

「原発ゼロへの闘い方」12のインタビュー

インタビュー／髙橋利直
構成／柴田敬三

デモ、抗議、集会、情報提供、訴訟、選挙・政治など、様々な方法で反原発、脱原発の活動をやり続けてきた人々がいます。草の根「市民運動」です。また今も、知恵を集め、汗をかき、闘っています。こうした市民運動に寄付をし、応援し、参加することは、私たちにとって、原発ゼロへの確かな方法です。

ここでは、12の闘い方を取材しました。（50音順に掲載）

脱原発政治の統合と国民投票への道

「国民投票／住民投票」情報室 事務局長

今井一（いまいはじめ）さん

原発の是非を主権者が直接決める「原発」国民投票を求める運動がすすめられています。市民主導による国民投票・住民投票の制度設計、民主的活動を促すことを活動目的として掲げている、このグループの事務局長、今井さんはジャーナリストとして、一貫して日本と世界の住民投票、国民投票を調査し、運動を掘り起こしてきました。

ジャーナリスト。「国民投票／住民投票」情報室事務局長。81年以降バルト三国やロシアで実施された国民投票を現地取材し、直接民主制に目を向ける。96年からは日本各地で実施された住民投票を精力的に取材すると同時に、海外の国民投票の実施実態を調査。主な著書に『「原発」国民投票』『「憲法９条」国民投票』（共に集英社新書）『住民投票』（岩波新書）など。

この国を変えるためのふたつの戦略

今、４つの緑の政治グループがあります。（二〇一三年二月時点）「緑の党」「みどりの風」「未来の党」「緑の日本」と。そこに加わっていない僕等からみて、脱原発一点でひとつになって旗を掲げる気はないのか、と思うんです。

この４つの脱原発は本物ですから、そのグループがひとつになれば、自民党はご免だ、かと言って民主党には入れる気もない、日本維新の会やみんなの党も嫌だ、と言う有権者に「ここに入れて下さい」と提示できる。

特に国会に議席をもつ「みどりの風」と「未来の党」が、合流してもらえないか、と思うのです。新しい脱原発党を作り、行き場のない脱原発票の受け皿を作ることを考えてもらいたい。

３・11以後、実際に行動する市民は増えたと思うんです。代々木公園に数十万人が集まり、官邸前や関西電力前とか、全国色々な所に合計して20万、30万人が集まるのは画期的なことです。

主婦が赤ちゃんを連れてデモに参加したり……。しかし、そういう人々が、国会議員を押し出すことがなかなかできない現実もあるわけです。これをどうするか。

東京都民投票で直接請求署名を32万筆も集めながら、東京から脱原発の国会議員を多数出せない。もし次の都議選に市民グループからひとりの都議会議員も出せなかったら、何かおかし

「国民投票／住民投票」情報室 TEL080-3866-3037
FAX06-6751-7345　http://ref-info.net/
mail: ref@clock.ocn.ne.jp

いんですよ。

私たちが、主権を行使するのは選挙だけではなく、被選挙権もある。また、今回の都民投票の様な条例制定請求権やリコール請求権もある。ただし、そうした直接請求権は地方自治体においてのみ認められ、国政の場合、憲法改正以外は、議会を通しての間接民主制しかない。

脱原発派議員を作ろう、推進派候補と政党は落選運動を

戦後、新しい憲法ができてから、我々は国政において直接民主制を活用したことは一度もないんです。間接民主制の下で、脱原発が多数を取らなければ原発稼働の是非は達成できないわけです。デモに行く、抗議の署名も集め、集会もやる、しかし選挙で多数を取らないと……結果的に議員を送り込めないのでは……どうしたらいいのかと思います。

多くの市民運動はすべて意味があり、すごく大事です。それを我々の代理人の議員獲得につなげたい。

そしてもう一点は、やはり国民投票です。原発に関わる住民投票は日本では3つしか行なっていません。新潟県の刈羽村と巻町、三重県の海山町です。動きがあった自治体は全国で30を超えているんですが。実施されたのはこの3件のみ、その3つがきっちりプルサーマルを止め、原発設置を止めているんですね。

自治体で条例を制定するだけでも効果があるんです。

脱原発には今言ったふたつ、ひとつは選挙で候補者を出す、議員を作り出す。原発推進派の候補や政党へ落選運動を仕掛ける。もうひとつは国民投票への道です。このふたつの扉を我々が開いていかないと、待っていてもこの国は原発ゼロへは向かわないですね。

東電株主代表訴訟と上位株主企業への不買《ボイコット》

「東電株主代表訴訟」事務局長
「脱原発法制定全国ネットワーク」代表世話人
木村結（きむらゆい）さん

23年間、脱原発を株主として東電株主総会で提案をし続けてきた木村さんは、誰も責任を取らない東電歴代取締役27名に訴訟を起こしました。また不買運動にも目を向け、鋭い追求で脱原発を求めています。

木村さんは「脱原発基本法」を国会で通すための運動にも力を入れてきました。次の参院選で立候補者へ、基本法への賛否を問い正すそうです。

1952年、新潟県、東京電力・柏崎刈羽原発の隣町生まれ。小学生の頃から「革命の時代に生まれたかった」と思う少女だった。大学で「百姓一揆」を専攻。「脱原発・東電株主運動」世話人。ネコ３匹と同居。着物が大好き。特に大島紬。趣味は茶道、映画も大好き。趣味に生きることができる日を望みつつ目下、現代の「革命」とも言うべき脱原発に挑んでいる信念の人。

多くの国民の声を背負い、脱原発・東電株主運動を23年間！

23年間、東京電力の株主総会に出席して脱原発の提案を続けてきました。今回の東電株主代表訴訟の私たち原告は51名。告発した相手は歴代の東京電力取締役27名です。訴訟では、東京電力の取締役がどの様にこの事故に責任があるかを立証しなければなりません。

私はこうした活動では、ちょっと無理しなくちゃ駄目だと常々思っているんです。8割の国民の声が原発反対ですから、今こそ力を示していかないと。

毎週金曜日のデモも、以前は官邸前で一極集中しましたけど、今は分散型になり、経済産業省の別館や環境省の前に移動したり、自分たちの主張をきちんと届けられる場所に分散しています。また、この前金沢に行きましたが、毎週金曜日に、金沢市の北陸電力前でも集まっています。全国でみなさんが、自分の生活の場でデモや抗議活動をやっています。この訴訟は東電の株主しか原告になれませんので、多くの国民の声を背負っての訴訟だと思っています。

東京が福島県と新潟県に危険な原発を押し付けているわけですから、私たちは23年前から東京に住んでいる人が何ができるかと考え、東京に東電本社があるじゃないかと、東電に対し、株主になって株主総会で危険性を訴えて行く。多くの既に株主になっている人たちにも、私たちの賛同者になってもらう。脱原発の声を広げてゆく。そのために毎年、株主総会後に、議決権行使書の閲覧、書き写しをし、翌年提案への賛同依頼をしています。

東電株主代表訴訟　090-6183-3061（木村結）
メール nonukes0311@yahoo.co.jp
http://tepcodaihyososho.blog.fc2.com/

東電はコピーをさせてくれませんので本当に大変で昨年は、のべ41人で5日間、3000人の株主の書き写しをしました。ほぼ毎年40万株以上賛同者がいます。しかし、過酷事故を起こした東電を、生命保険会社や銀行が無批判にサポートしているわけです。銀行は、事故前に東電に2兆円を貸していて、事故直後に、みずほ銀行と三井住友銀行は1兆円ずつ追い貸しをしています。それでも足りず、国は原子力基本賠償機構を作り、交付金という、返済義務のない資金を、税金からつぎ込む。なおかつ国は今回、資本金1兆円を東電を潰《つぶ》さないために入れています。※総括原価方式を見直さないまま、電気料金を値上げし、そこにボーナス分も上乗せしていくという労使一体となって自分たちの利益だけを守っていく。誰も責任を取らない。だから、歴代の取締役の責任を問うことにし、訴訟を起こしたのです。

不買運動（ボイコット）も大きな力

もうひとつが不買運動です。一昨年、昨年（2011・2012）とも会のニュース冊子とウェブで、東電提案に賛同した上位企業100社を公開しました。そうしたら東電が非常に嫌がって、「不買をやると、あなたたちが企業から訴えられますよ」と脅《おど》しをかけてきました。「訴えの事例があったら教えて下さい」と返答しましたら、電話を切られましたけども。不買は特に企業が恐れることですよね。ただ、上位100社は、ほとんどが信託関係で、企業年金

脱原発法制定全国ネットワークの連絡会　さくら共同事務所（代表世話人河合弘之）TEL03-5511-4386（事務局）　FAX03-5511-4411
メール：datsugenpatuhounet@gmail.com　ブログ：http://datsugenpatuhounet.blog.fc2.com/（※総括原価方式は39頁下段に）

運用窓口です。多くはどこが預け元、資金元かが見えない構造になってます。トップ株主を見ると、東京都、従業員（東電）持株会、三井住友、第一生命とニッセイ、みずほ。こういう私たちの生活に密着した企業もあります。

電気の使い過ぎもやめ、原発推進企業の物を買わない、自分たちの生活を見直す動きを作ってゆくことが大事だと思っています。口座自動引落手数料で利益の大半を得ているメガバンクを解約し、脱原発の城南信用金庫に預金を移すことも呼びかけています。

東電本社のテレビ会議録画も重要です。それをこの訴訟で証拠保全しました。私たちが証拠保全申請をしたので東電も一定程度の公開をメディアにせざるをえなかった。これはかなり大きなインパクトだと思います。裁判所に収納されたＤＶＤは福島原発事故後の対応の貴重な資料です。ぜひ裁判を多くの方々に傍聴に来て頂きたいですし、カンパもぜひお願いします。

「脱原発基本法」立ち上げの狙い　木村結さん

２０１２年８月22日、国会で大江健三郎さん、鎌田慧《さとし》さんなどと一緒に立ち上げた活動です。元々、脱原発弁護団全国連絡会というグループがあって、弁護士の河合弘之さんと海渡雄一さんが共同代表をしており、おふたりの呼びかけに作家、文化人、市民団体が集まりました。官僚が政治家を操って動かす構図が日本の仕組みですから、日本人の８割の人々の原発ゼロの声

※総括原価方式：39頁下段をご参照下さい。

を形にするために、官僚の仕事を縛《しば》るには法律以外に無いと考えました。官僚を辞めさせることはできませんから。自民党時代は官僚支配は見えませんでしたが、民主党になって見えてきましたね。原発を止めたい想いの議員も沢山いらっしゃいます。この「脱原発基本法」は、2012年12月の衆議院の解散で廃案にされました。でもまた、参議院に再提出したいと考えています。脱原発後退に「待った！」をかけるために。

官邸前の子連れのお母さんお父さんとか、会社帰りの若い人たちも、せっかく自分たちがデモに動いたのに、何も変わっていかないじゃないかと、どうなっているんだ、と。テレビは日本維新の会の報道ばかり。その維新も脱原発って言わなくなった……。1988年、チェルノブイリ原発事故の2年後、日比谷に2万人集まった、1988〜89年に故高木仁三郎さんが提唱し、脱原発法の請願運動をし、350万人もの署名を2年間かけて集めたにも関わらず、当時の社会党も即ゼロは支援を受けている労働組合の同意を取れないという理由で、国会に上程すらされなかった。

1989年に「原発いらない人々」※というグループで参議院選挙に10人立て、私も東京選挙区に出ました。その時も当選させることはできなかった。今、若い人にもデモが受け入れられましたが、自分が動くことで何かが変わると、実際に手にするものをつくることが私たちの使命だと思うんです。それが、この法律の成立じゃないかと思います。

※1989年の参議院選挙で、木村さんたちの「原発いらない人々」、有機農業者系の「みどりといのちのネットワーク」山本コウタロー氏らの「地球クラブ」の反原発市民グループが3つ立候補。全体で約60万票を取ったが皆、議席に届かなかった。

国会で法を通すには過半数が必要です。公明党やみんなの党は、脱原発と明記してますから、ちゃんと入ってもらいたい。様々な政党や議員で合意を取るには残念ですが2020年代を示さざるをえないわけです。民主党は2030年代としていました。それくらい原発を推進する財界や労働組合の抵抗は大きいわけです。ですからそのまま法案が通るわけではありません。ただ、可能性は開けました。まだ長い闘いが続きますが。

この法案は国政選挙のツール（道具）になると私たちは考え、ステッカーを作り、ポスターに貼ってもらいましたし、ネット上で賛否を公開しました。しかし、衆議院選は準備途中で国会が解散、目先の経済優先の声で、たくみに脱原発は争点から外されてしまいました。脱原発を訴えた議員も減ってしまいましたので、心機一転、参議院での法案提出を目指しています。院内集会を重ね、議員の活動を市民が応援する、市民が政治に参加していく形を続けます。「女たちの一票一揆」というグループもあります。「官僚を引きずり降ろさなきゃいけないね」と「選挙行動をきちんとやらなきゃね」というテーマを語り合ってきました。

2013年夏の参議院選挙で、自民党や維新の会が過半数を占める状況になれば、憲法が改悪されます。自民党の憲法草案と現行憲法の比較表などを作り、若者たちにも危険性を訴えようと準備しています。命そのものが危険にさらされている時に、行動をしなければ後悔します。

街の人々に訴える方法を考え実行することが重要だと思っています。

国策変更は1裁判所の判決2政権交代3外圧

青山学院大学国際政治経済学部教授
小島敏郎（こじまとしろう）さん

環境庁から省へと移行する中で、「水俣病の政治解決」「環境基本法」など、多くの難問解決に取り組んだ小島さんは、今や市民の側からの頼れる元官僚です。

官僚機構に精通した具体的提言は、脱原発への運動に力を与えてくれます。官を変えるには「司法、選挙、外圧」と、ズバリ核心を突いた指摘には思わず納得です。

岐阜県多治見市生まれ。愛知県立旭丘高・東京大学法学部卒業。環境庁入庁後、1994年～97年水俣病の政治解決、1991年～93年「環境基本法」、1997年～98年中央省庁再編・「環境省」創設、2003年～2008年には地球環境局長・地球環境審議官として地球的規模の環境政策に携わる。2009年４月から青山学院大学教授。愛知県政策顧問・名古屋市政策アドバイザー。

脱原発は、日本人と日本の文化をはぐくんだ「原風景」を取り戻す

3・11福島第1原発事故が起きる前は、原発は安全で、安価な電力を生み出し、環境にも良いと宣伝されてきました。3・11福島第1原発事故の後、脱原発や原発再稼働反対の集会や署名、抗議行動が頻繁《ひんぱん》に行われ、国民の大多数が脱原発という状況になっています。

それでも、原発推進の政策は変わっていません。原発を推進する国の法律・税制・予算には大きな変更はありませんし、「福島第1原発事故は収束した」、「福島第1原発事故ではひとりも死んでいない」、「多少被ばくしても被害はたいしたことはなく、被ばくを心配するストレスの方が被害を大きくする」、「原発を動かさなければ日本経済は壊滅する」などのプロパガンダ（主義・思想の宣伝）が横行しています。

福島第1原発事故が私たちに教えたことは、偶然に偶然が重なってかろうじて首都圏避難という最悪事態を免れたこと、しかし未だに福島第1原発は危機を免れていないこと、それでも広範な地域が放射性物質で汚染されて事実上国土が喪失《そうしつ》したこと、これから何十年もの時間がかかって被害が顕在化することなどです。

日本人は「水戸黄門」や「暴れん坊将軍」が大好きです。お代官様と越後屋さんに虐《しいた》げられた農民や庶民がお上に反抗し、それでも自分たちの生活や命を守れないで困っている所へ、お代官様より更に上位の権力を持った水戸黄門や暴れん坊将軍が現れて、農民や庶民を助けてく

れる。

日本では、明治維新後、国策としての鉱山開発により足尾鉱毒事件を起しました。戦後は、水俣湾や不知火海《しらぬいかい》を汚染し、多くの死者・健康被害者を出した水俣病事件があります。ここにもお代官様と越後屋さんが農民を虐《しいた》げた事例があります。

原発事故は、そのスケールを何倍にも何十倍にも大きくしたお代官様と越後屋さんが起こした事件です。原発利権の政治家や企業、その取り巻きの瓦版屋《かわらばんや》らの輩《やから》が、お代官様や越後屋さんとその取り巻きです。そして、福島第1原発事故の影響で苦しんでいる人たちが、虐げられた農民や庶民です。

もう一度、同じような事故が起きれば日本は壊滅的被害を受けるにもかかわらず、日本を破壊し人々の命を脅《おびや》かすリスクをおかしながら、お代官様と越後屋さんは「千両箱が足りない」とばかりに根拠のない大丈夫論で原発を再稼働させようとしている、それが今の構図です。

脱原発が左翼で原発推進は右翼であるとの議論があります。お金儲《もう》けにいそしむお代官様（お上）と越後屋さんが右翼で、虐げられる農民や庶民をお代官様（お上）に反抗するからという理由で左翼と言うようなものです。これほど馬鹿げたことはありません。脱原発は、日本人と日本の文化をはぐくんできた日本の「原風景」を取り戻すこと、その考えの上に立って、電力を効率的に使い、人々が使う電力を選ぶことができるようにし、電力を使う所の近くに小さくても沢山の発電所を作り、災害時も電力を自給できるようにすることです。脱原発への転換は、成熟社会における技術と制度のイノベーションであり、日本の原風景を取り戻す政策なのです。

脱原発の実現は、官僚の志に期待することはできない

しかし、脱原発政策への転換はどうしたらできるのでしょうか。

国の政策は、官僚が立案し、国会が成立させ、官僚が執行しています。だからと言って、人々が役所に押しかけて、官僚と交渉し、原発をやめろとか再稼働するなと言っても、それはできません。

日本は「法律による行政の原則」で動いていますから、法律が変わらないとできないことがあります。法律にお構いなしに、官僚の一存で原発を止めたり動かしたりすることができるのであれば、それこそ民主主義国ではなくなってしまいます。官僚は、法律というレールの上を走っています。「原発推進のレール」を「脱原発のレール」へと敷きかえてやれば、官僚はおのずと脱原発の仕事をするようになるのです。

では、法律の立案をしているのは官僚なのだから、脱原発の法律を立案すればいいではないか、そう考えることもできます。しかし、政策は過去からの積み重ねです。官僚は小さな「軌

道修正」はできますが、大きな「方向転換」はできません。方向転換は、①裁判所の判決、②政権交代、③外圧、によってしか、なしえないのです。

脱原発は、人々の一票で実現することができる。

人々は選挙権を行使することによって、政策を転換することができます。

日本は民主主義国です。選挙権は一人一票の平等選挙です。ただし、立候補については、比例区に立候補するのに日本の平均世帯収入（年間）よりも多い600万円（ひとりにつき）もかかります。とても平等選挙とは言えませんが、まだ、憲法違反だという人は少ないようです。

ともあれ、国の政策の形成と執行は、正当に選挙された国会議員によって構成される国会が作る法律と、国会議員から選ばれる総理大臣によって組閣される内閣によって行われるのですから、国会議員を選ぶ選挙が「要《かなめ》」の位置を占めます。

国民によって選ばれた内閣が、官僚に指示して脱原発の法律を作れと命じれば、官僚は逆らうことはできません。人々は、官僚と交渉するよりも効率的に民主主義のルールに則って、脱原発を実現することができるのです。

しかし、政治家にも、官僚を使いこなすだけの度量と技量と忍耐力が必要になります。「成功は政治家の手柄、失敗は官僚の責任」。これが永田町と霞が関の常識ですから、官僚も慎重になるわけです。

政権交代したが民主党は二流の自民党になってしまった。なぜ？

二〇〇九年の政権交代選挙で、人々は選挙で政権を交代させることができることを知りました。しかし、政権を取った民主党は、すぐに二流・三流の自民党になってしまいました。マニフェストは詐欺《さぎ》と同義語になり、民主政治を破壊した民主党の罪は大きい。

なぜ、民主党は二流の自民党になってしまったのでしょうか。戦後政治を支えてきた3本の柱は、①外交政策はアメリカに依存する、②経済政策は経団連に依存する、③政策立案は官僚に依存する、ということです。これが、「政権の生命維持装置」です。自民党政権も、この3本柱の上に立っていましたが、まだ、一定の距離を保って政権運営をしてきました。民主党政権が、二流・三流の自民党政治だというのは、あまりにも露骨にこの3本柱に依存していることが国民の前に見えてしまったからです。

ですから、国民が選挙で政権を選択した後も、国民のための政権運営をしているかどうかのリトマス試験紙は、アメリカ・経団連・官僚との適切な距離を保てるかどうかにあるといえるでしょう。

価値観が多様な時代、多様な政党と確かな政治家を育てる

2012年12月の総選挙（衆議院議員選挙）では、小選挙区制度のなせる業《わざ》ですが、自民党が有権者の2割程度の得票で6割の議席を取りました。これを受けて野党では、次の参議院選挙では大きなグループを作って選挙を戦おうという意見が出ています。

ヨーロッパの国々のように国民の価値観が多様になっている現在では、それを反映する政党の数が多くなるのは当然です。他方、小選挙区で勝つためには、大きなグループで選挙を戦うことが有利になります。

そのための方法は3つあります。

①自民党と公明党が行っているような候補者調整と票の融通、②日本維新の会と太陽の党のような政党合併、③日本未来の党が試みた「オリーブの木」です。

②の政党合併は政策が違う政党がひとつの政党になるので「野合批判」を受けます。しかし、ひとつの政党が国民の支持を広く得ようとすれば、多様な要望を政党内に受け入れるようになります。自民党も民主党もそのような政党です。肯定的な表現では「国民政党」と言います。

③の「オリーブの木」は、多数の政党はそのまま残しながら選挙では連合を組んで戦うため、無理矢理にひとつの政党にしないため「野合」にはなりませんが、「選挙互助会」との批判を受けます。肯定的には、国民の多様な価値観を反映しうる「政党連合」と言います。

小選挙区制度の下での選挙戦術なのですから、「野合だ」、「選挙互助会だ」などと批判することはやめたらどうでしょうか。

選挙では有権者の姿勢も大切です。「水戸黄門」や「暴れん坊将軍」の話をしましたが、民主主義では、「七人の侍《さむらい》」が良いですね。農民が野盗から生活と命を守るためにお金を出して侍を雇い、最後は侍と共に戦う。政治への姿勢も、有権者がお金を出して政治家を選出し、当選後も政治家と共に政策の実現に汗をかく。

脱原発政策を実現するためには、より上位の権力者（お上）に頼るのではなく、自分たちで政治を作っていく。これが民主主義だと思います。

官邸前抗議行動は経団連にも圧力をかける

首都圏反原発連合
原田裕史（はらだひろふみ）さん

首都圏反原発連合（反原連）は２０１２年３月29日から今も事務所を持たず、呼びかけはメールと毎週金曜日ＰＭ６：００―８：00の官邸前抗議行動の終わった後に打合せ、このネットワークでやってきました。原発反対、再稼動反対のみが統一見解。２０１２年６月29日には約20万人もの人たちが集まりました。また、経団連前でも抗議を行っています。

1967年生まれ。筑波大学大学院修士課程修了（物理学専攻）。理工学修士。現在、コンピュータープログラマー。「核開発に反対する会」運営委員。たんぽぽ舎の「地震がよくわかる会」、「核開発に反対する会」に所属し、地震による原発事故の危険性を訴え日本の核開発準備の危険を危惧する。共著に、『隠して核武装する日本』（核開発に反対する会／影書房）

首都圏反原発連合（反原連）は「原発反対」以外に統一見解はありません

もともと首都圏で小さなグループのデモがどんどんできてきて、連絡網を作ろうと集まったのが首都圏反原発連合（反原連）のキッカケです。

２０１１年の９月、アメリカで反核連合という所が世界的デモをやらないか、という話を提案し、それがタイミングとなりました。

その時確か11団体で発足。今の連合に大体入っています。参加グループはそんなに増えていませんし、グループとしては固定して活動をしています。

基本的にはメールでの情報交換、毎週１回、金曜日に官邸前での抗議行動をしてますが、みな仕事を持っているので、できることをやるのが基本です。

元々、次の週の行動予定しか決めていません。毎週金曜日の官邸前デモの終わった後に、来週どうしようか、とやっています。

２０１２年３月29日に初めて抗議して、仮に次の日にでも、再稼働は当面ありません、と政府が発表していたら抗議は終わっていたでしょうね。

官邸前は基本的に長期予定はないんですけど、ただやめられないですよね。どんどん原発での悪い話があるので、抗議行動は続きますね。（現在は月単位で予定を決めています）

元々、首都圏反原発連合としての統一見解みたいなものは出ないんです。幅広い運動にする

首都圏反原発連合　http://coalitionagainstnukes.jp/
http://twitter.com/MCANjp　info@coalitionagaintsnukes.jp

ために、個別にはあまり統一見解にはしていません。原発反対、再稼働反対、つまり大きく原発反対ということに関しては統一です。

一例としては、原発を止めるために再生可能エネルギーを普及させなければ、という意見と、再生可能エネルギーがなくても、化石燃料で当面はよい、という考えとがありますが、このふたつはともすれば対立しがちなんですね。

反原連は、どちらでもよいという感じです。大体、参加している人たちは、再生可能エネルギーとの代替でなくても今すぐ止めて問題なし、という意見の人が多いんですけれど。色んな意見があります。

大勢の意見を見える形にしないと社会は動かない

私たちはデモや抗議行動を中心にやっていますが、これは大勢の意見を見える形にしないと社会が動かない、と考えてやっています。これを目立たせよう、というのは非常に大事なことだと思います。

全国で同時に様々な人が、それぞれ独自に抗議デモをやっているわけですよね。東京から人が行って運動を立ち上げたわけではありません。それぞれの土地の人がその土地のやり方で立ち上げて行った運動が、今全国で約１００か所ぐらいに広がりました。

これは非常に大きな運動です。7月頃（2012年）から全国化して行ったように思います。9月に入っても増え続けてます。つい先日まで約50か所くらいでしたが、もう100か所くらいに広がりましたから。

この情報は実は東京新聞とか神奈川新聞とかに出ているのを見てなのですが、全国連絡網があるわけではないのです。

経産省前「テントひろば」や「たんぽぽ舎」の方では、全国と連絡を取り合えるような形にしようという動きがありますが、反原連は、自分たちにできることを今の所やってるという形です。現在はインターネット上で連絡を取りあっています。

今後も、事務所を構えて事務所スタッフを常駐して、というようにはならないかもしれません。

政治に関しては、立候補者が原発に対してどういうスタンスかと、可視化していかなければいけないなと。それと、僕は、例えば自民党が脱原発へ舵を切るというのは大変ではないと思います。自民党の議席を選挙で少数に押し込めるのも難しいでしょう。

その他、今、具体的には、漁協、農協が原発反対に回りましたから、これを逃さないようにする。ただ、経団連には圧力を加えないといけないですよね。今一番、皆を怒らせているのは米倉経団連会長じゃないかと。原発反対の人間の神経を逆なでにしている。

反原連の官邸前デモはこの間、従来の様にデモなどで声を上げるのは何か特別な行為で、敷居が高いと思われていた、その敷居を下げることができたと思うんですね。

資金はカンパが基本で、お陰様でスピーカーも増やせました。次のデモの必要経費くらいは大丈夫です。デモひとつでも、公園使用料から、トラックを借りたり、トランシーバーからスピーカーなどの備品、経費はかなりかかります。事務所を構えてないので、何とかカンパで賄《まかな》っています。

原発を止めるために、個人でやれることは?

他に原発を止めるのに、個人でやれることとしては、地元議員への電話かけ。「いつも頑張ってますね。応援しています」と言って「原発を止めましょう」という話を毎日のようにし続けるのがいいような気がします。地元議員で自民党、保守系が狙い目だと思います。原発賛成の議員さんに切り込んでゆく。

それをやらないと難しいんじゃないかと個人的には思っています。今迄の社会運動の人たちは、そういうことは嫌がるかもしれませんが。自民党の脱原発派を伸ばすことなども大事だと思います。

日本もそろそろデモには慣れてきましたが、寄付の文化があまりないですよね。僕自身はかなりお金を使いましたけど。一般的には、脱原発に関心ある人は寄付するお金がなくて、お金のある人は脱原発に関心がない。

ずっと社会運動をやってきた人たちって、例えば1年間100万円を、20年間突っ込んできたら2000万円、マンションくらいは買えるわけですね。一生懸命運動をやっている人って、そんな感じです。

これを10人でやったらひとり200万円、100人で分担してきたらひとり20万円です。いかに会員とか、寄付者の人数が多くなるといいかがわかりますよね。そんな状況に早く持ってゆきたいと思います。

運動に役立つ、信頼できる情報源の活用を

原子力資料情報室　伴　英幸（ばんひでゆき）さん他3名

「原子力の安全をどう考えるのか」「長期間続く汚染状況への対応」「政策提言」「被ばく労働の問題」、これらを社会に発言し、市民の運動に役立つ信頼できる情報として活用して欲しい。

1975年の設立以来、故高木仁三郎《じんざぶろう》さんが培《つちか》った運動は、今もしっかりと引き継がれ、数年の間に世代交代を迎える中、屋台骨は変わることなく、その光を発しています。

共同代表、事務局長。1979年のスリーマイル島原発事故以来、原発問題に関心を持つ。以前の勤務先、生活協同組合でも原発問題に取り組む。1981年、勉強会講師に招いた高木仁三郎さんと出会い、1986年のチェルノブイリ原発事故をきっかけに原子力資料情報室で働く。（このインタビューは同室の吉岡香織さん、谷村暢子さん、松久保肇さんの４人で行われました）

故高木仁三郎《じんざぶろう》さんの志を引き継いで

原子力資料情報室は1975年に設立され、2000年までは故高木仁三郎さんが代表として引っ張ってきて、以後は3人の共同体制で運営しています。この数年の間に共同代表のリタイア期、次世代への交代期を迎えている状況です。運動に役立つ、信頼できる情報を届けてゆくという屋台骨は変わっていません。大きく分けて3つくらいの柱を持ってやっています。

ひとつは、原子力の安全をどう考えるのか。福島原発事故はこれまでの安全の考え方が間違っていたことを示しました。また、この事故を踏まえて、きちんとした原子力規制体制を作っていかなくてはなりません。専門的な見地のみならず、市民との係わりの視点で見てゆく作業をしないといけないと思います。

ふたつめは、長期間続く汚染状況への対応です。福島はじめ東北地方の多くの地域は、汚染による被ばくとこの影響をゼロにはできず、どこかで折り合いをつけていかなくてはなりません。それにはまず正確な測定と情報の整理が必要です。

3つめが、政策提言です。脱原発を達成するには、原発をなくしていくと共に省エネルギーと再生可能エネルギーの進展が必要です。そのための政策提言を続けていきます。他に、被ばく労働の問題もあります。ともあれ情報室の情報を十分に活用して頂けたらと思っています。

そのためにも私たちの発信する情報を活用してもらい、多くのサポーターに支えてもらいた

原子力資料情報室　TEL03-3357-3800　FAX03-3357-3801
メール：cnic@nifty.com（共用）H.P.www.cnic.jp

い。

現在はおよそ３２００人の会員がいます。日本の１億人の中の３２００人ですからもう倍くらいは欲しいです。

原子力資料情報室、４人へのインタビュー「知るための情報の発信」

（以下、■は４人の方への原発ゼロへのインタビュー。具体策についての答えです）

■原発ゼロへの方向は、原発を止め続ける、省エネルギーの進展、再生可能エネルギーの最大限の導入の大きく３つの面がある。このうち、原子力資料情報室は特に原発を止め続けるために努力しています。

■知ることは重要なことだと思います。当情報室は知るための情報を発信しています。この他にも新聞やインターネットでニュースをチェックしたり、ユーストリームを見るなど、知るためのツールは様々あります。

■また、当情報室は放射能測定を実施しています。生産者の方々とジョイントして、土壌から生産物へ放射能がどう移行していくのかをチェックして、通信やホームページで発信しています。知ることを助けるために、私たちは、原発のこと、放射能や被ばくに関することの問い合わせや相談にものっています。

■新聞も論調が色々ですから、時には読み比べて視野を広げることも有効だと思います。原発を止めても、火力発電をどんどん使っていいのか？ エネルギーを大量に消費し、核廃棄物を将来に押し付けてよいのか？ を考える必要があります。日本だけじゃなく、例えば、ウラン採掘現場で被害を受けている他国の人々のことなど世界のことも考え、一人ひとりの価値観を変えていくことが必要だと思います。

■原発を止めると立地地域の仕事はなくなるといった一方的な考えに流されず、両方が成り立っていくための考えを持つことが必要です。今の運動を大きくすると共に、質も高めていく努力が必要だと思います。

■原発の一番いけない点は、利益を受ける人とリスクを背負わされる人が距離の点でも時間の点でも離れていることです。今の自分とか、今の経営がよければいいと言う人がたくさんいると思います。他人に対してどれだけの想像力を持って思いやれるか、その視点で心を豊かにしていくことが必要と思います。

■家族でも友達でもペットでも自分の大切な人たちにとって、どういう社会が幸せかを考えると、日本で起きている問題、遠くの世界で起きている問題でも身近に感じると思います。大切なものが幸せであるためにその問題をどうしていったらいいかと、広い視野で考えることにつながると思うのです。まわりの人を大切にする、それは原発ゼロにつながっていくと思います。

■行動することはとても大切です。3・11以降沢山の人たちがデモに参加しています。今まで、社会運動というものは敷居が高いというか、参加しづらいイメージがあったと思いますが、今では多くの人がその敷居を越えました。電力会社への抗議も行われている。東京でなくても各地で議員や役人や電力会社に直接抗議できる場に足を運ぶことが大切だと思います。

■さらに、政治の場のより近くに市民が集まり、圧力をかけられる場所があります、「政府交渉」や「院内集会」です。また、地方では自分たちが選出している市議、県議、国会議員に働きかけることです。議員の考えを変えることができれば、原発ゼロへのスピードもあがるのではと感じています。

■原発ゼロへの道筋は、最後は政治の場で決まってゆくと思いますので、政治に関心をもって、国政でも地方自治体でも市民の声を伝えていくことが大きなインパクトになると思います。また、脱原発基本法を作ろうという運動がありますので、応援してほしいと思います。

■政策を決める場で官僚や政治家や推進派の人たちと戦っている脱原発の科学者や専門家がいます、そういう議論の場が中継されていることも多く、直接自分たちの未来に関わってくる大切なことなので、目を向けて、そして応援していくことを考えるとよいと思います。

■原子力規制の強化を求める市民の監視体制ができつつあります。安全性や防災の点で新しい基準が導入されようとしていますので、監視していくわけです。福島原発事故の反省なく、現在止まっている原発の運転再開を認める動きに反対していく必要があります。これは原子力規制委員会の問題ですが、それだけではなく地方自治体の問題にもなります。各地で働きかけていく問題です。

■原発で働く作業員、福島原発の収束に携《たずさ》わる作業員の被ばくの問題もあります。原発の様々な問題点、生活環境を放射能から守ることの大切さを、家族、友人や係っているグループの人たちなど、まわりの人たちに伝えていくことが大事だと思います。また、次世代の子どもたちに伝えていくことも大切だと思います。

再生可能エネルギーの協同組合構想

生活クラブ生活協同組合

半澤彰浩（はんざわあきひろ）さん
柳下信宏（やぎしたのぶひろ）さん

秋田に風車を建て、グリーン電力証明の仕組みを使い、２０１２年４月から約１２００世帯分くらいの電力を供給し始めた

写真はお二人を合成しました

生活クラブ生活協同組合。再生可能エネルギーの自治・自給を目指し、将来はガラス張りの仕組みで、エネルギー協同組合を構想。今後それを組合員の屋根を利用した太陽光発電や、バイオマスも含めた展開へと検討中です。

半澤彰浩さん　1982年生活クラブ神奈川入職。常務理事　総務部長
柳下信宏さん　1990年生活クラブ神奈川入職。常勤理事　政策調整部長
2009年からエネルギー自給の仕組みとして風車建設提案。2012年４月から協同組合出資の風車が稼動。生活クラブ各事業所にグリーン電力供給がスタート。エネルギーの自活を展開中。

エネルギー自治・自給圏作りをめざして、エネルギー協同組合を構想

2年程前から、生活クラブ生協は、CO2を25%削減しようと議論してきました。私たちは環境に配慮し、できるだけ容器はビンに、さらにリターナブル（回収再利用）にするとか、ポリ袋のリサイクルで牛乳キャップにする、石鹸を使う、有害物質を排除とか、様々な取り組みを共同購入を通じて、日常的にやってきました。

その延長で、CO2問題への取り組みとして、オフィスや事業所などの節電、配送、物流トラックのアイドリング・ストップ、オフィス機器などの更新時の省エネ化もしてきました。

しかし、なかなか目標達成ができないという議論があって、だったら脱原発を具体化すること、あわせて再生可能エネルギーを自分たちで作って、生活クラブの事業所に供給する仕組みを始めようと決めたのがその2年前でした。

発電量の大きい風車を、日本のデンマークを目指す秋田県に建てて、その電気をグリーン電力証明の仕組みを使って供給する。これを2012年4月からスタートしたわけです。始まったばかりですが、新聞記事などで結構話題になりました。

実際に事業所のCO2削減は年間で7割ぐらいの達成率を見込んでいます。やり方は、PPSがうちの風車で発電した電力を買って、そこのPPS会社がうちの事業所に供給するという仕組みです。発電した量を全部買い取ります。電力の自給です。

生活クラブ生活協同組合神奈川　TEL045-474-0985　FAX045-472-0999
http://kanagawa.seikatsuclub.coop/

入り口と出口が一緒になりますから、その売り買いの仕組みがグリーン電力料金制度なんですね。単価も相対《あいたい》で決めます。ガラス張りのシステムです。

電線を使う託送料というのを電力会社に払いますが、その料金の高さに改めて驚きました。風力は出力当たりの発電量が大きいのと、コストが自然エネルギーの中では一番安い。さらに今後は太陽光も広げていこうと思っています。

太陽光発電は、元々組合員の家庭の屋根に推進したり、一部は私共の施設の屋上に設置したりしていますが、今後は各事業所とかも含め、できるだけ再生可能エネルギーを自給したり、他団体とのネットワークをする方向につながっています。

かなり不透明で、予断を許しませんが、２０１６～２０２０年に電力自由化という方針が経産省の有識者会議から出されました。そうなると家庭でも企業でも電気を選択できますので、そういう社会を目指して風車をやりました。例えば生活クラブが太陽光、バイオマスも含めて自然エネルギーを仕入れて小売りするという協同組合などを、少しずつやることが社会に大事かなと思って、検討段階に入りました。

具体的には神奈川、東京、千葉、埼玉の首都圏の生活クラブ４単協で検討しています。

風車は秋田で今１基、約１２００世帯分くらいの電力を年間に供給することができると思います。半分、補助金をもらって建てています。さきほどの首都圏の生活クラブ４単協で、一般

〈はみ出しコラム〉有機農産物等の宅配や卸しを行う「大地を守る会」では2012年9月に「大地を守る自然エネルギー基金」を設立。原子力発電所に依存しない社会を構想する活動の支援を始めています。そのひとつとして生産者等を対象に「顔の見えるエネルギープランコンペ」をスタートしました。

社団法人化したその風力発電法人に2億5千万円くらいを融資しました。全体で5億3千万円くらいの初期コストがかかっています。

発電した分で17年間、1・5%の利子をつけ、返済してゆく計画です。17年間は法定で決められている年数です。

（※　この原稿は半澤さん、柳下さん、おふたりのインタビューを、ひとつにまとめたものです）

〈はみ出しコラム〉生協の大手、パルシステムでは、2013年4月から山形県でサクランボの剪定材や林業の間伐材でバイオマス発電をし、PPSの小会社を使い、事務所の消費電力の80%をまかなうそうです。

再稼働反対で作ったテントひろば

経産省前テントひろば

淵上太郎（ふちがみたろう）さん

デモや集会で国民的な大きな力を示しながら、政治家や政府に原発を止めさせる、当面の重要課題はそれだと語る淵上さん。

経産省前テントひろばは、官邸前に参加する普通の市民の出陣拠点、峠の茶屋として親しまれています。24時間交代で闘うテントで淵上さんは、「東京に100万人のデモが集まり、原発反対の声を上げれば」とも語ります。

本業は印刷業。福島原発事故以来、本業は開店休業で、脱原発、反原発運動に取り組む。2011年9月11日、福島原発事故緊急会議に集まる人々を中心に、経産省包囲行動が成立。その日に建てられた「経産省前テントひろば」の代表。当初、持続的・継続的な脱原発、反原発運動のひとつの政治的な拠点としての位置付けだった。「9条改憲阻止の会」会員。

政府に50万人、100万人で圧力をかける

この「テントひろば」は結局、日本の政治を動かす問題に集約されます。街頭に出てプラカードを持って要所に立つ、デモに来る、集会に参加する、歌を歌う、ライブを開く、それぞれが政治として動くわけだろうと私は思っているんですね。最終的には原発を無くす、いらないという法律を作るしかないはずです。

デモに出れば原発がなくなるのではなく、デモで国民的な大きな力を示しながら、政府に原発を止めます、という態度表明をさせる力になるんだろうと。当面の重要課題はそれだという気がします。政府は国民的な力の大きさにたじろいで、これは止めた方がいいと決断できるかどうか、それは今の所、デモと大きな集会でしょう。

最終的には選挙も当然ありうるでしょうけれど。立候補者が選挙で脱原発を表明しないと勝てないと感じる力を示すことが大事ですよね。ただ、選挙は原発の是非だけが政策テーマではないですから、人によって主要なテーマが異なる。実際はそれで選挙運動をし、わかりにくい結論が出ます。今までの選挙結果を見ていると、脱原発などの大衆運動で盛り上がった後の選挙は大体、革新系が負けるパターンが多い。逆にデモや集会のような大衆の直接街頭活動で物申すことは、割と大きな力として政治家を動かすだろうと感じます。

今、日本でも10万人とか20万人が集まって気勢を上げることがある程度可能になりました。

経産省前テントひろば　070-6473-1947
メール：tentohiroba@gmail.com　H.P.　http://tentohiroba.tumblr.com/

官邸前でも、若者から高齢者に到るまで、あるいはお子さん連れのお母さんとか、大部分は活動家でなく普通の人たちです。

では次はどうなるか、です。私は50万人、100万人でやるべきだと真面目に思います。政府に本格的に圧力をかける時代に入りつつあるんじゃないですか。

1960年代の安保闘争の時は全国であわせて400万人とかのデモがありました。国会周辺でも30万人とか50万人。改めて、原発問題で本当に100万人集会をやろうじゃないかと。全部選挙だけで、となると大失敗になると思いますから。

デモで一定の政治的圧力が生じ、結局は選挙にも反映すると僕は思いますが、単純ではないのです。東京に100万人のデモが集まり、原発反対の声を上げれば、政治は無視できません。

脱原発法案も必要な作戦のひとつですが、運動としては、今、直ちにゼロという要求を掲げざるをえない。気持ちの上で、運動的要求として即止めろと言わざるをえない。「10年後に止めろ」って言うのはおかしいでしょ？　一方、法律上の措置としてできる限り詰めてゆくことも必要であって、長い目で見ざるをえないのだろうと思っていますけど。

「ひろば」の世代交代を進めたい

テントを維持している具体的な力は60年代70年代安保世代のおじさん、おばさんです。年金

〈あおぞら放送 テントから〜〉毎週（金）pm4: 00 〜 5: 00
http://www.ustream.tv/channel/tentcolor

暮し、時間がある、若干の経験がある。人間関係はうまく対処できる。そういう人たちです。

とにかく、テントひろばには色々な人が来ます。その人たちに対応してゆかなければいけないわけです。政治的には、かつて活動家だった人たちも来ます。色々な意見の違いがあるので、脱原発、反原発の一点に統一していないと運動を保てる状況ではなくなるわけです。矛盾もあります。それでも運動経験のあまり無い人が少しずつここに参加して来ている。半々くらいにはなっています。

情報の発信に関しては、テント日誌を書くのが毎日、精一杯。それなりに人気があって、皆さん、来た方に読んで頂いています。でもインターネットを中心とするツール、これを我々自身が必ずしも使い切っていません。若い人たちが中心に入って頑張ってくれるといいな、と思っている点のひとつです。

「ウィクリーテント」というメディアを発行しようと思って1号だけ、私が出したんですよ。週1回でA4版1枚でいいと思って。しかしやっぱり続かない。止まってしまったのが現状です。

あそこのテントの中では事務作業ができないんですよ。中が暗くてパソコンが打てない。打ったものをチラシなどに仕上げるのが難しい。それを印刷にしなきゃいけない。これを週1回やり切るのがなかなかね……、ひとつの課題です。PDF※にしてメールで送って、パソコン上

※PDF：ポータブル・ドキュメント・フォーマット。

で読めるようにして広げる方法はありますね。我々はどうしても、紙からやった方が視覚的にやりやすいのかな、と思ってしまうのです。

私が知っている中では、3・11以前は反原発デモも20~30人から最大で700人くらいでした。3・11以後、今の状況に拡大しましたが、まだ古い連中が中心に位置しています。それはやむをえないことではありますが、世代交代をテントひろばとしてやりたいと思っています。

若い世代といえば、首都圏反原発連合のミサオ・レッドウルフさんですか、国家権力との関係に気を使いながら脱法行為をしないように頑張っています。安心して参加できる重要な要素ですね。私は充分理解をした上で擁護しながら協力をしたいと考えています。

古い活動家はすぐに文句を言うわけ。でも過激にやる運動なら、なにも金曜日でなく別の日にやったらどうか、と思います。わざわざここに来てやることはない。やはり新しいリーダーが求められて来ましたね。

このテントひろばも、再稼働反対ということで作ったんです。廃炉とは多少違うでしょう。恒常的立場としては、もし政府が責任を持って、向こう5年、10年は再稼働しないと宣言すれば、テントひろばは引き上げていいだろうと私は思いますね。我々はここにテントを構えているのは違法だとか言う以前に、再稼働を問題にしているわけです。

今、政府としても原発問題の国民的議論が必要なんですよ。そのために再稼働はせず、5年、

10年やらない。その間に議論をまとめる。国民が本当に、民主主義を発揮して討議に積極的に参加できれば、そうすれば国民もそうか、と思いますよ。例えば廃炉の問題は複雑な過程を経なければなりませんし、巨大な資金もかかります。その資金をどうするか、税金か、電力料金かとなるわけです。電力会社にはその金はない。結局税金。ですからそのことも国民的議論にのせる必要がありますね。

財政と人材と全国のネットワーク

また、全国にある色々な運動団体の連絡網ができないかと考えています。自民党政権となり、改めて稼働を阻止するような、大きな運動を全国でやる必要があるだろうと考えられますから。各地で個別の力でやるより、全国的な連携の元で全国ネットワークで取り組めば勇気もわきます。

そのためには活動資金が必要となります。どこに応援に入ろうと。資金カンパが今求められていますし、次に才能と能力のある頑張れる人材が必要です、やっぱり事務仕事がものすごく大変ですから。財政と人的要素と全国のネットワーク、これを解決せざるをえないのです。

テントひろば、たんぽぽ舎、再稼働反対全国アクション、反原発議員市民連盟、それと京都の長谷川羽衣子《うぃこ》さんのグループなどが中心となってネットワークを作る予定です。

今後共、テントひろばは、市民の皆さんに来て頂くことがテントを支えることになるんです。1時間でも2時間でも、お互い交流を深める。九州や沖縄から北海道の方まで、大勢おいでになって頂きたい。ここは、官邸前行動の出陣拠点みたいな場です。人手はいくらでも必要です。夜中もいなきゃいけないので、支えていく人の力が必要です。

そしてカンパもお願いしたいのです。カンパで私たちは大飯の再稼働阻止にもバス8台で出かけることができました。ここを「霞ヶ関のヘソである」「峠の茶屋である」と、鎌田慧《さとし》さんがおっしゃいました。

1年以上が経ち、我々もくたびれましたが、簡単には後には引けないよと思いつつ、若い世代に引き継いで欲しいという期待もあります。九州の青柳さんという人が、九州電力前の路上でテントを張り始めたのが最初だと思うんですが、その後この経産省前にできて、次に大飯のテント、さらに次に富山で、石川でも今やっています。

全国でテントを立てて頑張り抜くという運動が起きてくればいいなと今思っています。四国の伊方《いかた》原発に反対していた斎間さんという方が、ご亭主が頑張っていた方でしたがお亡くなりになり、その後奥さんが、毎月11日に伊方原発の前で座り込みをやっています。必ず11日に。今、10人から20人くらいで毎月やっています。

いずれにせよ、今沸き起こっている脱原発のウネリは止むことはありません。運動の波はあ

ります が、3・11の衝撃と怒りは簡単に収まらない。運動はヘコタレません。

ですから、原発推進者が、この辺りを読みちがえて、強引にやれば大失敗することになります。しかし結局はジワジワと後退し陣地を一つずつ譲《ゆず》っていくような流れが、基調となっていくと思います。テントひろばはその流れの中にあると自覚しています。

県民は被《ひ》ばくしている、刑事事件にし起訴へ

福島原発告訴団　蛇石郁子（へびいしいくこ）さん

現実は収束どころではない。幸せに生きる権利を奪われた。普通の生活ができず、布団も洗濯物も外に干せないのが福島県の実態です。取り返しがつかないのは心の被害がこれからも続くこと。そしてまた地震がきたら54基の原発はどうなるのか、と福島原発告訴団のひとりとして闘う蛇石さんは語ります。原子力ムラの人には負けたくない、とも。

1952年、福島県郡山市生まれ。橘小学校、郡山第三中学校、県立安積女子高等学校を経て、市内製薬会社に勤務。保育士（保母）の資格を得て、市内私立保育園に５年。その後、日本生命保険会社にて外交員・育成センタートレーナーの経験を10年。2005年４月より郡山市議会議員。現在、３期目を務める。「みどりの未来・ふくしま」代表、「虹とみどりの会」副代表。

出発点は「ハイロアクション福島原発40年実行委員会」

福島原発告訴団は、元々脱原発福島ネットワークという運動があり、2011年3月26日に東京電力福島第1原発1号機が40年を迎えるので、廃炉と廃炉後の地域社会を1年かけて考えようと「ハイロアクション」を企画していました。でもあの3月11日で全く状況が変わりました。小さいお子さんのいらっしゃる一緒に運動をやって来た方々は、避難のため全国に散らばりましたから。この告訴団を担っているのは、そのハイロアクション実行委員会のメンバーが主です。今、第2次訴訟に1万人を集めようと動いてきました。告訴し、捜査をやり、刑事事件にし、起訴へ持ち込みたいと願っています。

私は郡山市議会議員で、「緑の党」の会員です。脱原発が実現できる社会に変えなくてはいけないですから、国の選挙で今まで原発を進めてきた議員は降りて欲しいです。これだけの惨状を引き起こした責任を取って、推進してきた自民党の人や電力会社によって潤《うるお》ってきた議員は、電力会社出身議員も含め、辞めて欲しいです。そうしないと、この国は変わりません。

自民党政権、アメリカ、経済界、みな再稼働しようとしているわけでしょ？　これだけの最悪の事故が起きても。そこを変えてゆけるのは選挙だと思います。社民党、共産党なり、脱原発で一生懸命やってきた党もあるわけです。投票率が低い若い人たちの受け皿も作っていかないと、同じことのくり返しになりかねません。「俺たちこんな社会嫌だよ」と言って動き出す

福島原発告訴団　TEL&FAX0242-85-8006
メール 1fkokuso@gmail.com
ブログ http://kokuso-fukusimagenpatu.blogspot.jp/

ことを期待しているんですね。それがある意味、官邸前デモなどの動きになっていると思います。あのエネルギーを政治の形にしてゆく大事な時だと思います。原発推進の議員を増やしてはいけないと思う。日本維新の会だってわからないですからね。脱原発の信頼できる受け皿を用意していかなくちゃいけません。

福島県内は、「もう原発はいらない――」という声は99%近いと思いますね。福島でも一部経済界が福島第2原発を動かしたいと発言はしていますが。とんでもありませんよ。県民は被ばくしているわけですから。家の方だって、自分が作った生き甲斐の米や野菜や果物を汚染されてしまったわけです。作っても売れない。子どもに食べさせられない。土産に持たせられない。酪農家も自殺しています。牛だって処分したり。そういう苦しみを味わってます。漁業関係者だって魚を採れない期間が相当長い間ありました。

風評被害って言われてますが、買う人の身になれば安全な食べ物じゃないと口にしたくないと言うのもその通りです。ちゃんと測って下さいと言うのが消費者の願いですよね。その測るための機器も無かった。農家の方たちが損害賠償を請求しても東電から100%支払われているわけではない。再稼働なんて、農業関係者だってNO《ノー》ですよ。

再稼働することには農業関係者はもとより、観光業の人たちだって反対です。外国人の方を含めて全く福島に観光客が来なくなりましたから。収入はガタ落ちです。

子どもたちを放射能から守る福島ネットワーク
H.P.kodomofukushima.net

福島県を自然エネルギーの一大拠点に

原発にかかったお金を算出し、その部分を再生可能エネルギーに切り替えるのは当然です。一社独占の電力会社が必要のないコマーシャルを流してきました。その広告費も安全なエネルギーに変えるために使えます。最初のウランを取り出す仕事から労働者は被ばくしますから、最初から最後まで被ばくを前提にするエネルギーは持っちゃいけないんですよ。廃炉作業に従事する人たちも必ずいるわけですよね。福島原発だって現に1日３０００人働いています。その働き方も下請けが多層構造で、原発は誰も幸せにしていません。原発は失敗作だとまず認めることから始めて欲しい。電力会社に全国で自分の使う電気を安全なものにと、要求してゆくことが大事じゃないですか。

全国の電力会社の株主総会で、東電株主代表訴訟の木村結さん（88頁）のように、「原発は止めなさい」と皆で言っていくことですよね。損害賠償すらできないんです。東京電力は責任を果していません。放射能をまき散らして、自分の家の庭の表土を削《そ》いだり、それを自治体が背負ってやってるんですよ。電力会社が「申しわけありません」と取りに来なくちゃいけないものなのに、ふざけた話ですよ。悔しいです。おかしい、日本はあまりにもおかしいと気づいて欲しい。

廃炉にすると雇用が維持できないという声もありますが、廃炉作業という雇用と、新しい再生可能エネルギーへシフトする雇用も生まれます。また、温暖化対策に原発が寄与している説に対し、海水の温度が上昇してしまうのは原発のせいとも言われています。世界に原発を輸出するのはもっての他、途上国などにこれだけ取扱いの難しい技術を輸出し、またそこで地震などが起きたら世界中に放射能を拡散させるわけです。さらに、放射性廃棄物処理の問題も答えが出ていません。

福島県の実情は、普通の生活ができない。表に洗濯物を干せないんですよ。シーツとか布団干しも全然できません、室内干しです。太陽があれほど燦々《さんさん》と出ているのに、その下で普通の暮しができなくなった。望んでない暮しです。換気扇も回せません。

私は２０００年から家では太陽光発電をやっています。日中の電気はそれで賄《まかな》ってました。売電もしています。３・11以前から2台あった冷蔵庫を1台にし、家の電球をＬＥＤに切換え待機電力を無くしたり、地球温暖化防止推進委員でしたから、環境家計簿をつけ、１年間で10％減らせました。節水もやってました。

原発事故後の日本とドイツの対応を見ると、なんでこんなに違うのかとすごく感じます。日本は浅はかで賢くなかったと思います。地震列島に54基も原発を作ってしまった。情けないし、責任を取って欲しいですよ。

ですから、「福島原発告訴団」に市民の皆さんが参加して欲しいんです。東電に責任を取らせるために。二度と同じことを起こさせないために。一番悔しいのはこれだけ放射能で環境を汚染してしまった事実。自然を破壊し、そこで自然界の一部として生活してゆけなくなったことです。生存権に関わる、憲法で保障されている権利、幸せになる権利を奪われた。元には戻らないんです。取り返しがつかない。また、放射能の汚染物質、廃棄物を後の世代の人々に残していかなければならない辛さもあります。福島県の被災者、被害者として言えることはそこだと思うんですね。後始末がまだまだ続きます。数値的に避難者が何名で損害額がいくらというだけでなく、心の被害はこれからも続きます。現実は収束どころじゃありません。また地震がきたらどうなるかも不安である。その危険な原発が全国各地にもあるんです。

私は今の自分にできることはとにかくやっていきます。原発を推進して福島県は破壊されたものがあまりにも巨大です。未来に関わる損失です。日本の原発規制はゆるゆるでした。日本人にはズルイ人がいる。原子力ムラのあの人たちは失脚して欲しいですね。私たちはお金は持っていません。でも数はいます。原子力ムラの人たちには負けたくないです。

闘う「世田谷区長」の脱原発作戦

世田谷区長　**保坂展人**（ほさかのぶと）さん

ＰＰＳや自然エネルギーを推進し、電力会社の競争と自由化で原発の命を終わらせるため、自治体の首長の役割は非常に大きいと力説する、脱原発派の闘う世田谷区長、保坂さん。

自らの発案で世界初の企画、「ヤネルギー」革命をスタート。世田谷区から全国へ、家々の屋根にソーラーを取りつけませんか、と提案しています。さて次のアイデアは？

1955年、宮城県仙台市生まれ。都立新宿高校・定時制中退。中学在学時の政治活動の自由をめぐり「内申書裁判」の原告として16年間闘う。1980年代から教育ジャーナリストとして活躍。1996年に衆議院議員初当選。2000年に再選、03年に惜敗。05年衆議院東京比例区で当選。2009年8月迄３期を務める。2011年の世田谷区長選で無所属で立候補し当選。

保坂展人さんのネットアドレスH. P. http://www.hosaka.gr.jp/
ツイッター https://twitter.com/hosakanobuto

闘う世田谷区長のあの手、この手の脱原発作戦

脱原発への具体的手段について、多くの提案があると思いますが、私は自治体、地域に絞ってお話ししたいと思います。

2012年の大飯原発の再稼働では、関西地方の電力不足が叫ばれました。ところが猛暑が終ってみると、結果として関西電力は事前の足りないと言っていた予測を11・1%下回っていたことが判りました。

最大使用時のピークで2・7%の余りです。余力があった。原発依存度の最も高い関西電力で11・1%余った。これは非常に注目すべき数字だと思います。東京電力も2012年の夏、8%の十分な余力がありました。原発が止まっていてもです。

次に原発推進の側で言い逃れし始めたのは、3兆円近く燃料代がかかる、電気代が2倍に上がると企業が海外へ逃げる、経済が空洞化すると言い出して、これまでの様に停電すると言わなくなった。一方、省エネ技術が進み、節電が浸透しました。それは電力会社も言ってます。

その省エネと節電ですが、世田谷区の庁舎の数字をお話しします。一番大きな庁舎の第一庁舎は2010年夏の最大使用電力が622kwです。2011年の夏は425kw、2012年の夏は427kw、大幅に節電になっています。例えばこの区長室は18本の蛍光灯がありましたが、今は3本で済んでます。理由はふたつあります。

保坂さんブログ http://blog.goo.ne.jp/hosakanobuto/
フェイスブック https://www.facebook.com/hosakanobuto

ひとつは長寿命で省エネタイプ。これで、半分で済む。もうひとつは傘が屋根型になってい て内鏡で反射し、光が無駄なく下に回る効率的タイプを使いました。全部点灯しても半分で済みますね。今は3本でやってます。庁舎全体がチェンジしたわけです。

トイレや廊下は人感センサーにしたり、つまり照明を省エネ節電に変えました。猛暑だった2010年と比べても照明設備の交換を行った2012年は、真夏の最大使用電力の思った以上の効果です。

大規模事務所や家庭でも長寿命の省エネ型蛍光灯などを一定程度入れるだけでかなり節電できると思います。これは省エネ・イコール・発電だと思いますね。節電発電所という言い方もあります。

もうひとつは、世田谷サービス公社がヤネルギー（屋根＋エネルギー）というのをやっているんです。これは太陽光発電を大量に一括購入してスケールメリットを出す政策です。一般的にワンセットを家庭の屋根に据え付けるのに大体200万円前後かかります。4kwの太陽光発電を取り付けると、都と国から60万円補助金が出ますから、差引140万円くらい。それに世田谷区は10万円の補助金を出して、トータル130万弱くらいになっていました。それでもまだ広がらないわけですよ。

区の予算内で100軒か200軒止まり。ところが世田谷区内には住宅の屋根が12万戸ありますし、今、太陽光発電を使っている方は約2000軒弱です。やはりまず1000軒は増やしたい。

そこで、世田谷サービス公社が大量に業者に発注して、購入価格を下げてもらう。ギリギリの交渉で、3・4kWの場合、ローンを組んでも負担分が利子込みで82万円になりました。これを発表した所、区民からの問合せが2000件、見積りの依頼が600人。申し込みに対して相当数の契約が成立するんじゃないかと見込んでいます。

1000軒への補助金より効果が大きかったんですね。ですからエネルギーの地産地消は高まると見ています。

脱原発、あるいは再稼働反対、つまり原発にブレーキをかけつつ、アクセルとしての節電や自然エネルギー推進を行ってゆくことが必要だと思っています。原発推進側の言う電力需要の割合を削減してしまう政策です。現実はほぼそれに近いんじゃないかと思いますよ。

原発ゼロ、当面は火力で。同時に再生エネルギーは成長させる

私はいずれにしても、なるべく早い段階で原子力依存を脱する。その時間は短ければ短い程いいと思ってます。その後始末の問題が深刻じゃないですか。使用済核燃料を入れておくプールの余力もありません。福島第1の4号機は極めて危険な状態ですよね。今も。

一方、財界や経産省なんかはゼロにするのは非現実的、自然エネルギーは今、1%しかありません。こういう言い方がありますね。でも当面はまず火力。天然ガスを使った熱効率のいいコンバインドサイクル発電[※]や、石炭火力。これも非常に熱効率と燃焼効率が技術的によくなっています。

原発は危険です。であれば、化石燃料を工夫して使う環境負荷が比較的少ないもので補いながら、再生可能エネルギーを成長させてゆく作戦をとらざるをえないわけです。

あとは金のことでしょう。電力会社にとって、原発を稼働させないと、全部不良債権化してしまう。だからやらせてくれ、という話なんでしょうね。これは結局、政治問題です。もんじゅ1兆円、六ヶ所村2兆円。これは税金。どこかで断念しなければいけないんです。こんな無駄で愚劣な話はありません。

原発を推進してきた経済産業省や文部科学省は結局、直接処分より再処理の方が安い、という言い方で再処理しプル[※]サーマルという燃料を福島第1の3号機に使った。それがどれだけの被害を増幅させたか、全然解析されていませんよね。

基本的には「原発ゼロの会」という国会の超党派議員の会が、廃炉を見据えて、いわゆる危険度の高い原発リストを作りました。活断層の上に建つ原発、老朽化したものは、即停止し、稼働はさせないと決断すべきです。

※コンバインドサイクル発電とは、ガスタービン発電と蒸気タービン発電を組合わせた発電方式。機動性や運用熱効率面で優れている。

直接の発言権を持つ、自治体首長の力で再稼動を止めてゆく

私は脱原発首長会議にも参加していますが、原発立地点から30kmを考えると、原発の地元というのは全国が地元と言っても過言ではありません。

各自治体のトップ、首長に課せられているのは、原発重大事故に於る避難誘導とか住民の安全を守る義務ですが、まず第一にこれが求められます。東海村の村長は廃炉を主張し、議会と分裂した格好ですよね。3・11の時には東海原発は非常に危なかったそうです。

脱原発の自治体も増えています。そういう意味で、直接的な発言権を持っているのが自治体の首長だろうと思いますね。

再稼働を狙われる自治体でよく言われるのは、原子力で雇用も生れている、自治体財政もプラスになる、という声です。しかし、福島第1原発事故のような取り返しのつかない事態が今後起こらない保証があるのかと。対策は無い。福島県内に今も約10万人、県外に約6万人が避難しているんです。こうした議論をまき起こして再稼働を止めてゆく必要があります。もちろん雇用の場作り、自治体への経済対策もあわせての議論です。

各原発立地自治体の住民が議会を通し、意見書を出す、首長に面会を求めるのもひとつじゃないですか。選挙の時は脱原発派を選ぶことも。特に首長には、福島県と同じように避難とな

※プルサーマルは67頁下段に簡単な説明があります。ご参照下さい。

った時、どう判断するのかと。

私がもしそれを聞かれたら、非常に困ると思う。東京圏で同様の避難となれば、世田谷区だけではなく、全域避難ですから。2000万人以上とかの単位の人が、どこに行けますか。帰宅難民どころではありません。

寝たきりの方、介護を必要とする方、入院中の患者さん。それを考えると、手の打ちようがありません。災いが去るのを待つ、窓を密閉する、というふうになります。

PPS、自然エネルギー推進と、電力自由化で怪物の命を終わらせる

この前、漫画家の小林よしのりさんの「脱原発論」を読んで痛感しましたけど、脱原発は市民運動とかリベラル派の専売特許じゃなく、保守の人々の問題でもあるのですね。目先の利益で原発を続け危険にさらすことに多くの人が憤りを抱いている。

全国各地で、飛躍的に自然エネルギーの需要を増す。PPSをどんどん契約してゆく。これをやっていけば、原発議論にひとつの出口が見えてくるはずです。第一の関門だった、原発を止めると亡くなる人が出る。病院が停電になったりして……それは無いと。

日本の約30%の電力は原発だ、と推進側は主張してきました。これはトリックだった。原発が無くてもピーク時ですら10%近い余力がある。原発は結局、再処理の費用、廃炉費用、事故

への賠償を加えたら一番高いコストのエネルギーになります。電力会社への競争、自由化を求め、怪物の命を終わらせてゆくべきです。

世田谷区のヤネルギーでも次々にソーラーが増えてゆく、これは地域に広げていくスピードと密度の点で世界で初めての企画です。全国でヤネルギーが起こったら、大変なものになります。

今、日本の電化製品の各メーカー共、売上げ利益が総崩れになったのは、原発が止まったからでは全くありませんよね。グローバリズムと国際経済競争の激化の中で、対応を誤ったからです。これから日本の製造業の中で国際競争力がある分野は、省エネ型製品だと思います。燃※料電池などは大きな可能性を感じます。原発を廃炉にし、こう言った議論を先頭に立って経済界はすべきです。

※燃料電池とは、水素と酸素を利用した次世代の発電システムのこと。電気を作り続ける発電装置。

政府の暴走はマスコミの演出から始まる

エネシフジャパン、「緑の日本」代表

マエキタミヤコ（まえきたみやこ）さん

話題となる社会的イベント等で、数々のプロデュースを手がけるクリエーターのマエキタミヤコさんは、民主主義についての視点の鋭さも注目されています。

地震大国に54基の原発の存在が、放射能被ばくと人権侵害の社会を生み出していると指摘、被選挙権の行使（立候補）でこの社会の悪しき仕組みと欺瞞《ぎまん》のメカニズムを変えようと呼びかけます。

1963年、東京都生まれ。大学卒業後、広告代理店に勤務。2002年に広告メディア・クリエイティブチーム「サステナ」を設立。現在は雑誌『ecocolo（エコココロ）』「100万人のキャンドルナイト」呼びかけ人代表・幹事、「フードマイレージ」「エネシフジャパン」などのプロジェクトも進行中。慶応大学非常勤講師、京都造形芸術大学、東北芸術工科大学客員教授。

日本人は権威に順応する、一億総競馬ウマ状態

日本人は基本、型が好き。他人を型にはめようとする人たちも多いけれど、型にはまると安心する人たちも多い。逆に、型にはまること、権威に従うことをドイツ人はコンフォーミズム（権威順応主義、偉い人の言うことに批判せず従う、長いものにまかれろ、寄らば大樹の陰）と呼び、単なる保守と区別し、警戒し、教育と政治の分野で脱コンフォーミスト政策を進めてきました。それが政府を暴走させた主原因だと戦後、判断したからです。

日本には民主主義には不可欠の「政府の暴走」への警戒と予防の概念が抜けています。よく「社会の右傾化」が怖いと聞きます。が、もはや左でも右でもなく、放射性物質による被ばくと人権侵害が突きつけられている社会に対し、政府は情報をもてあそび、操作し、誤摩化し、はぐらかし続けているので、正しくは「社会に、政府に暴走させない備えがない」ことが怖い、と言いかえた方がよいと思います。「まったく民意を反映することなく、地震大国に54基も原子力発電所を建ててしまった」ことこそ「政府の暴走」だと思います。

ドイツのとった「政府の暴走」防止政策は「子どもの批判力を育てる」であり「質問を奨励」することでした。いま日本では体罰をめぐる賛否両論が花盛りですが、意見した子どもを廊下に立たせる先生、という雑誌記事の見出しを見て、仰天しました。意見することを許さない、話すことも見るものも指導者である先生が許した方向のみ、というのでは、まるで目の脇

マエキタミヤコさん（サステナ）TEL03-5465-1704　FAX03-5465-1714
メール info@sustena.org　H.P.http://www.sustena.org

に板をつけられて見る方向を強制的に定められた競馬馬の様です。あれは効率がよいのです。脇目をふらずに走りますから。でも馬だから許される。人間相手には、冗談じゃないっ。「意見する」生徒はドイツでは褒《ほ》められます、というよりむしろ生徒は全員先生に意見するように指導されます。戦後日独教育は正反対、なのか、それともその雑誌記事は一部の不良教師の顛《てん》末《まつ》なのか、私は教育業界に大きな声で質問したいと思います。

脱コンフォーミスト政策は、日本が民主主義を大人にするための条件です。学校で子どもたちから意見する気力を奪い、常態化した体罰や暴力で人権感覚を麻痺《まひ》させ、民意を無口にし、無視（ネグレクト）を蔓延《まんえん》させることで、政治に興味を失った国民が大量生産され、その結果、政府は批判から逃れることに成功し、かくして政府は暴走する。こんな幼稚な民主主義には早く終止符を打とう。みんなでこぞって、質問する子どもたちを褒めよう。子どもたちには、将来意見をいう大人になって、立候補して、政治家になることを勧めよう。大人の自分たちも率先して、立候補して、政治家になって、意見を言う大人たちがスクラムを作って、脱コンフォーミスト政策を進めていこう。政府の暴走を予防しよう。

政治嫌いの人になぜ嫌いか、何が嫌いかと踏み込んで聞いたところ、大半はマスコミの政治報道が原因の嫌悪でした。政治が古い、というより、政治報道が古い可能性があります。間近で観察すると、政治に関してマスコミは脚色し放題。商品や企業と比較すると、まるで違います。企業や経団連は間違ったことを書かれるとちゃんとクレームをつけますが、政治家は新聞社やテレビ局にあまりクレームをつけません。間違ったことを書かれた時は、日本の民主主義のためにも、泣き寝入りしてはいけません。書かれっぱなしでほっておくのではなく、きちんと新聞社の倫理委員会に意見してください。政府の暴走は、マスコミの演出から始まることが多いのです。

希望は市民メディアが増えてきて、Twitter《ツイッター》人口もじりじりと上がってきたことです。健全な言論が出口を求めて彷徨《さまよ》っています。どれだけ脱原発政治を掘り起こせるか、は、被選挙権を行使しようという人をどれだけ増やせるか、にかかっています。政治団体「緑の日本」を立上げ、「みどりの風」や「緑の党」や「日本未来の党」と話し合ったのも、被選挙権を自然に行使する人を増やしたいからです。受かっても人が変わらない偉そうにしない人。官僚に騙《だま》されない人。連絡を絶やさない人。この3つの要件を満たす人に立候補してもらいたくて、声をかけまくりました。議員になって周囲がこぞってチヤホヤしても普通の感覚を失わず、謙虚に学び情報を収集できる、質問ができる人を増やすことが、政府の暴走を防ぐ、一番の近道だと思っています。国会議員は衆議院480人、参議院242人で計722人。日本人の約18万人に1人。18万人分の声になってくれる人をみんなで探して、候補にして、責任をもって選んでいきたいと思います。

普通に店やってること自体が原発反対

素人の乱　松本　哉（まつもとはじめ）さん

軽妙なセンスで時代の雰囲気、若者の気分を表現するリサイクルショップ「素人の乱」の松本さんは、ズバリ、自治と地域で場を作ることを大事に、と言います。3・11直後、地元の杉並区高円寺で1万5千人のデモを決行した仕掛人は「反原発運動とか、そんなに興味がないんです」と言いつつ、でもこの国の謎《なぞ》のムラ社会にメスを入れたいと語ります。

1974年、東京都生まれ。法政大学卒業後は、路上ゲリライベントなどを開催。現在、東京都杉並区高円寺でリサイクルショップ「素人の乱」5号店店主。「あまり金をかけなくても楽しく生活できる」を信念に自ら実践。アナログFM「素人の乱」88・0MHz、メインパーソナリティ。高円寺北中通り商栄会副会長。著書に『貧乏人の逆襲！タダで生きる方法』（筑摩書房）他。

この社会が終わるんじゃないかという危機感があります

最近、日本人の真面目さが嫌になってきた。必要以上に真面目で細かいじゃないですか、全員神経質みたいな。ああいうの何か気持ち悪くて。もっと大馬鹿な奴とか、とんでもない奴とか、日本にも実は一杯いるし、外国にはもっと一杯いる。そういう人々と行き来をして、世の中が真面目にならないように妨害しないといけないし、細かいことを気にしすぎる世の中は色んな行動を狭めていると思うんです。

実は今は、反原発運動とかそんなに興味ないんですよ。もちろん原発は反対なんですけど。反原発運動って、すごくありきたりになっちゃってる。原発が爆発した時に初めて皆「原発あぶねえ！」って気付いたじゃないですか。今は割と、薄々原発は良くないものだ、くらいには思う様になっていて、あえてわざわざ「原発反対、原発反対」とずっと言い続けるって、あまり効果がないんじゃないかと思ってます。この期《ご》に及んで、まだ原発を推進しようという、とんでもない連中が国家権力の中枢にいますよね。そういう奴らを生み出してしまった世の中自体に問題があると思っていて、デモもやりにくい様な世の中になっていたりもしますよね。皆が自分のやるべきことをお上に任せてきたから、結局お上が勝手に謎《なぞ》の利権を作り上げてしまった。そういう日本の抱える悪い構造が凝縮されて原発事故が起きたと思うんです。

この社会の雰囲気を変えないと、仮に原発の問題が解決したところで、他の原発じゃない原

松本哉さん　H.P.http://ameblo.jp/tsukij14
http://twitter.com/tsukij14

発のようなものが、いくらでも出てきて、毎回その度に大規模な反対運動をしなきゃいけなくなります。巨大なデモをやるのもキリが無いし、毎回デモなんてやりたくないじゃないですか。だから、もうちょっと、日本の異様な雰囲気、というか、謎のムラ社会を壊さないと、と、それをすごく思っているんです。

だから原発はもちろん関心があるんですが、今の時点では反原発活動というのは今いちピンと来ない。もっと色んな文化とか、色々な生き方をごちゃまぜにして、ちゃんと自分の人間的な感性を取り戻す、それをやっていかないと、この社会は終わるんじゃないかという危機感が、今、大きいですね。どっちかと言ったら。

一番大事にしたいのは自治。自分たちで自分たちのことをちゃんとやっていくという。それは町づくりもそう。今、モラルすら全部上から決められる世の中じゃないですか。そこまで行ったら、「自分たちで何もしませんよ」と放棄して全部人まかせにしちゃってる様なものです。そこが根本的な問題のような気がしますね。

自治については大学時代に遡《さかのぼ》ります。当時、大学ではまだ、学生の自治みたいなものがあって、自分たちでやっていたことが、どんどん大学が全部決めるようになって行った。学生運動も無くなった。今になって社会に出た後に世の中を見た時、自分たちでやって行くことがどんどん無くなってきたから、こんな世の中になったんだ、というのをすごく感じてます。地域で店を開いてから実感したのかも知れません。

大体、世の中ってメジャーなものや、大きな企業だったり、お金持ちや有名人、要するに大きなものが割と文化の中で目立って来たと思うんですけど、実はそうじゃなく、わけのわからない奴らがやっても、面白いことが出来るんじゃないかと、店はそのノリでオープンできたのですね。

高円寺で始めたデモも、やはり自治、町を取り戻す運動

デモは、「素人の乱」という店を高円寺にオープンして、ちょっとして最初にやりました。それもやはり自治ですよ。例えば放置自転車を撤去するな、と言う撤去反対デモをやりました。町の自転車すらお上に決められているじゃないですか。自分たちの町を取り戻す運動だと思ってやりました。

国を相手にせずに、国の存在がもう少し薄くなるぐらいが一番いいと思います。国家をひっくり返さないと世の中が良くならない、とまでは思ってません。悪政にはちゃんと文句を言って、通じなければ勝手なことをやり始める、くらいの感じの方がよほどいいと思いますね。

本当は日本の社会が大好きです。生れ育ったのも日本だし、文化的に味噌汁も飲みたい。だから自分のいる場所をおかしくしている奴らを何とかしたいですね。まあ言ってしまえば、こ

うやって、普通に店をやっていること自体が原発反対だと思ってます。普通のリサイクルショップだし、地域でお金をもらって、地域で皆で生きる場所を作る。今、民衆のサバイバル力が目茶苦茶低下していると思うんです。

脱原発運動に対しては、今、色がついてしまっている部分があります。デモに参加しない人たちも皆、反原発デモとか、よく知っているんですよね。デモやっている人に対しても、そんなに悪い印象ではないんです。

でもほとんどの人に話すと、原発反対なんですね。「俺も反対だよ」と。「デモは行かないの?」って言うと、「いや俺は違う方向でやる」って皆が言います。脱原発デモみたいなものがテレビによく出ていて、あれを見て、多分乗り遅れた感もあったり、あのノリについてゆけないという疎外感もあったり、理由はいろいろあるんでしょう。意見は同じだけど乗りたくないと、その感覚です。

「脱原発デモ」が逆効果というか。疎外感を持っている人たちに、原発推進派が何かうまいことをやったら、そっちに行っちゃうかもしれない。それは危ない状態だと思っているので、原発に皆が反対だと思っている世の中で執拗《しつよう》に「反原発」と強調しすぎても、あんまり意味はないと思うんですよね。だから俺もしつこく脱原発って言いたくないんですよ。反対は当り前のことなんですから。

あの脱原発の世論調査はイカサマだったのか？

世論調査で原発反対が8割とかあるじゃないですか。でもその原発を作って推進して来た自民党が支持率で今、一番高いですよね。その状態を見ると完全にイカサマと言うか、メチャクチャというか。じゃああの脱原発の世論調査は何だったのかと。

多分、もっと普通にちゃんと怒れて、意見言えて、意志表示ができれば、簡単に変わると思うんですよ。今って、職場では皆推進派のふりをしたりとかね。本当は生き方から「そんな仕事は出来ませんよ」みたいに言えたらいい。今は絶対に言えない。そう言うことを発言できる職場、世の中を作って、家庭も家族もそうやって行かないと、と思っています。

だからやっぱり自治。顔の見える関係で話し、地域の人たちとちゃんと場所を作り、町を作ってゆく。そう思って店をやっています。

去年（2011年）から色々な原発反対をやってきました。本当はデモの勢いで原発が止まればそれが一番いいんですけど、推進側はしぶとい人が一杯いたり、うまく世論を操ることもできます。もうとてもじゃないけど原発推進なんて言い出せないくらいの状況を、こっちで先に作っちゃうしかないな、と最近強く思っていますね。

焦点は原発再稼働を止めること

たんぽぽ舎　柳田　真（やなぎだまこと）さん

ドイツの様に、ぶ厚い層が何十万人も参加する大衆運動を目指したい……。３・11の前は20人くらいだった反原発デモもやってきた「たんぽぽ舎」だけに、想いは深いはず。ハガキ出し、学習会、講師派遣、原発へのツアー。柳田さんたちは反原発自治体議員市民連盟とも連携し、非暴力、不服従、平和的運動を他の運動体とも違いを乗り越え広げています。

1940年、愛知県生まれ。東京の学校を卒業後、都庁に39年間勤める。労働組合活動と共に、1989年に東京都千代田区に環境保護と原発廃止をめざす「たんぽぽ舎」を友人らと作る。「原子力は人類と共存できない」を信念に一刻も早く原発と原爆（核兵器）を廃止する運動に取り組んでいる。現在「たんぽぽ舎」共同代表。再稼働阻止全国ネットワーク共同代表。

あの時、大飯《おおい》原発に全国から1万人くらい集まっていたら、阻止できた

大飯原発の再稼働には7月1日（2012年）の時に、大飯に全国から1万人くらい集まっていれば、運転再開は阻止できたと思っています。ドイツでは核燃料輸送の時に線路に5～6千人も座り込んで体に縛り付けたりしましたね。日本の運動の焦点は再稼働を止めることだと思うんです。反対運動の全部のエネルギーをそこに注ぎ、あと1～2年、ここを止めれば、日本の原発は終わりが見えます。

と言うのは、気象庁がマグニチュード7～8の余震が起きると言っているわけでしょう。地震を担当する日本の官庁がです。あれが日本の原発のどこかで起きたら、第2の福島原発事故の様な大惨事を引き起こします。

電力会社は2013年夏からできるだけ早く、次から次にあちこち動かしたいと考えてます。再稼働の嵐がやって来る。そこが最大の焦点だと思っています。そこで今、私たちの行っている運動で脱原発、再稼働ストップに向けての取り組みをご紹介します。

ひとつは再稼働やめよの政府・電力会社宛ての2種類のハガキです。次に学習会。ハガキだけでは止まりませんから。そして原発へのツアーもあります。こうした情報を載せたビラを2～4千枚くらい毎週金曜日の官邸前デモの時に皆で参加者に配布しています。勉強会やデモの情報、原子力規制委員会人事の間違いについて。全国の反原発のネットワークが出来ますよ、

たんぽぽ舎　TEL03-3238-9035　FAX03-3238-0797
メール nonukes@tanpoposya.net
ホームページ http://www.tanpoposya.net/

とか新潟県柏崎の原発へのツアーの予定とかです。

東京電力の利益の91%が家庭用の料金から

東京電力の利益の91%は産業・事業用からでなく家庭からです。また、再稼働の根拠も2012年夏で崩れました。夏が終わったのだから夏限定ゆえ、私には橋下市長の公約通りに、原発を停止しろと。それにしても、橋下大阪市長は、関電を改革して下さい。自分の言ったことはやりなさいよと、大阪で自分の言ったこと（公約）が守れなくて、どうして全国で日本維新の会が守れるのか？　と、この演説を私がこの間国会前で3分くらい10回やりましたが、かなり受けましたね。

私たちの一番の反省点は、1986年のチェルノブイリ原発事故が起きた時に、故・高木仁三郎さんと僕等で一緒に、日比谷で1万人集会を開いたんです。あの時にあの盛り上がりが続けば、この大惨状を招かなかったと思うんです。しかし、やはり日本から8000km離れたヨーロッパからの放射能ということで、最初は騒いだけど、そんな遠い国では日本の食糧には影響がないと、運動が縮小した。

それと、電力会社の言うソ連（旧）とは日本の原発は型が違いますと。日本の原発は安全ですと。市民はこれをうさん臭いと思いながら、どっかで受け入れる心が皆にあったんですよね。

原発の安全神話。これに対抗する運動が、勉強会の場が出来なかったことにも低滞の原因があるんじゃないかと。

7月1日の（2012年）大飯再稼働では僕等は現地で座り込みをしました。数百名いて、百数十人は警察からごぼう抜きにあいました。当初、逮捕者も覚悟しましたが、反原発への世論が高まっている中で、警察の方も逮捕者を出さないという対応でしたね。こちらもあくまでも非暴力・不服従で平和的にやってますし、女性も半分くらいいました。座り込みはできないまでも、小さい赤ちゃんを抱いているお母さんもいました。こういう原発をゼロにさせるための運動をたんぽぽ舎はやって来ました。ちなみに、ハガキセット（400円）はお陰様で1万6千枚も普及できました。

毎回たんぽぽ舎で行っている学習会に参加して下さる方は30人から80人くらい。自分の興味に合わせてです。あと、原発へのツアーもずい分行ってます。月1回くらい大型バスで。現地の反対運動の皆さんへの激励と、行った方は勉強する。逆に励まされもする

東電も、福島第2の原発4基を動かしたいでしょうけれど、それ言い出したら福島から総スカン食らう。口に出せない、本音はやりたい。実際は広大な土地ですから、第1原発の瓦礫《がれき》をあそこに持って行くと解決するんです。福島の再稼働は難しそうだ。それで新潟の柏崎の7基の原発を動かしたい。2013年4月に向けて、着々とやっています。福島県の前の知事、佐

藤栄佐久さんを代えた、今の知事に。これは東電の策動です。前知事は原発反対、要は東電のひも付人事。東電や全国の電力会社は、知事もある程度召使いだと思っているんじゃないですか。

他に、反原発自治体議員市民連盟というのがあります。自治体の議員150人くらいと、市民も150人くらいが参加して、各地で頑張っています。私共たんぽぽ舎内に事務所を置いて。今は市議会でも議員がやれる反原発の活動が沢山あるんですよ。例えば、放射能が高い地域を計測するために、市が測れとか、測定器を買いなさいとか。食べ物を計算する機器は5~600万円くらいしますが市で揃えて欲しいとか。東京電力以外からPPSなどで安い電力を買いなさいとかです。独自の電力を使うと、東電分が減って、市の財政負担も安くなります。たんぽぽ舎はまた、全国各地に講師の派遣もやっています。ぜひお申し込み下さい。この1年半くらいで3・11以後、講師派遣は約200回弱ですね。

今後の一番の根幹となる活動は、原発を止めること

何であれ、原発止めるというのが一番ですから、それに集中したいと考えています。相手、つまり推進派からの全攻撃はそこに来ます。私は原子力ムラつまり原子力利権帝国って言ってるんですが、彼らはそのくらいの力はあります。私たちも25年間この運動をやってきて実感し

てますから。

原発反対の運動の中でいくつか出ていることは、例えば日の丸。これをどうするかと。従来の左翼の中にはかなりあります。ひどいのは日の丸持って来た人へ乱暴しちゃうわけです。さすがにそれは止めてくれと。また首都圏反原発連合（反原連）の集会をめぐって議論もあります。ひとつは原発に関係のない旗はご遠慮下さいという点。これが論争を呼んだ。日の丸君が代反対とか何とか労働組合の旗とか、それだけが林立していると、普通の市民や子連れの主婦たちは、あまりそういう昔からのデモの現場を知りませんから、参加しにくくなるわけですね。

だから原発と関係ある旗にして下さいという主催者の依頼になりました。それに対し労働組合の人々が反発しています。次が警察との対応です。これが一番難しい。主催側は大きな集会をうまくやりたい。で、警察と多少話し合う。妥協する要素はあるものの、参加者にとっては警察の規制は嫌だ、人権侵害もあると、もめるわけです。以上の3つは反原連でもめてますね。全国的にも。

原発反対運動の中での色々な違い、それを乗り越えたい

あとは、原発問題への捉え方、という問題もあります。電気を生み出す、金もうけのためのもの、という原則的捉え方がひとつ。僕らは、日本の核も電気と核兵器開発そのものだ、とふ

たつの側面で見ています。一面的に電気だけという考え方と、僕らのようなふたつの面からの捉え方と、大きくふたつあるわけです。

そういう話も含め、今、原発反対の運動の中で、色々な違いなり運動の進め方があります。もうひとつの例で言えば、「素人の乱」の件もあります。3・11以後4月に、杉並区高円寺で1万5千人のデモを「素人の乱」の松本さんたちがやりました。何回も集中的に弾圧を受けた。警察が狙った。2011年9月も逮捕者が出ました。12名くらいでした。僕らは、「素人の乱」を応援しよう、カンパしようと協力をしました。関心を示さない運動体もありましたが、カンパは27万円、その前から送っている分で合計30~40万円応援しました。全体には、こうした様々な違いや矛盾を飲み込んだ運動になっていますが、違いを乗り越える議論のできる場が欲しいんですが……。

市民運動はまだまだこれから、ドイツの様にぶ厚くなりたい

他に、こういう問題も出ています。それは再生可能エネルギーが何でもいいのか、という問題です。例えば、地熱発電。あれは環境破壊につながりかねない。ヨーロッパほど湯が大量に出ない日本で地熱で電気を作ると、発電のため強制的に汲み上げなきゃなりません。温泉が涸《か》れ、砒素《ひそ》が出てくる、小地震も起こす。かなり環境を破壊します。風力も同様に、鳥たちの自

然界への問題と、人間も風車から1000メートル以内は低周波で体調がおかしくなります。人家から1000メートル以内は建設をやめたほうがいい。

ＣＯ2への意見も分かれています。温暖化論です。僕らはＣＯ2が温暖化の原因だというのは科学的に立証されていない、という立場。温度が地球規模で上がり、ＣＯ2が出てきたのか、ＣＯ2が出て温度が上がったのか。槌田敦※さんなんかは後者論です。原発ＣＯ2温暖化説には広瀬隆さんも反対の意見です。

ドイツは、反原発で何千人、何万人の集会を10年、20年くり返して、分厚い「緑の党」が作られました。日本の「緑の党」も反原発の大衆運動の中で育っていって欲しいのです。私たちは今後も原発で一番緊急度の高いことに、たんぽぽ舎のエネルギーとお金を投入する考えです。市民運動では、大震災前の2011年1月や2月の原発反対のデモは東京で20名参加、という小さな規模でした。3月11日の後は爆発的に増えてきたでしょ。それでもまだ小さいです。市民運動はまだまだこれからです。

今後、ドイツの様にぶ厚い層の人々＝何十万もの人びとが参加する大衆運動を、全力で目指したいと思っています。

※槌田敦さん：物理学者、環境経済学者。理学博士。槌田エントロピー理論を唱え、独自の立場からエネルギー、廃棄物、リサイクル問題に取り組んで来た。反核、反原発、核融合技術開発にも反対している。

おわりに

官邸前抗議行動に通っていて、思うことがあります。「ここに参加している人たちは本当に良い人ばかりだな」という人間への信頼感と、同じ志の側に立つ安心感が自分の中に生まれます。極端にいえば、原発推進側は、原子力ムラに代表される様に、原発で得する人。動機が利益追求の人。反対する側は、動機が「いのち」の人。この一点が原発推進か反対かの分水嶺だと思います。損を覚悟で、赤字を流しながら推進側に立つ人や企業、自治体、政治家はいるでしょうか。原発の原点は金か「いのち」かの二者択一です。

「ほんの木」をスタートした1986年に旧ソ連のチェルノブイリ原発事故が起こりました。その直後に1万人集会&デモがあると聞いて、反原発の意志を表示するため、幼い2人の子どもの手を引き、私たち夫婦は代々木公園にかけつけました。公安筋の人たちがぐるりと回りを取り囲み、一種異様な雰囲気の中、参加者は、ざっと数えて1000人強。これが私の見た1986年のチェルノブイリ事故直後の現実でした。

当時はファックスも不十分、ネットはなく、今の様にツイッターなどでデモを呼びかけたり、事前に集会やデモを知ることができず、新聞に市民運動の記事もスケジュールも掲載されませんから、いつ、どこで集会やデモがあるかは情報が把めませんでした。私は、これは大変だな、と落胆した記憶があります。事前告知できる市民運動の「ぴあ」の様な道具を市民側が作らなければ、市民運動は強くなれない。その時の率直な気持ちです。その動機から、市民運動、NGOを応援する出版社を作ろう、そう決意して「ほんの木」をその年6月に設立しました。

第一作は『ばななぼうと』(1986年9月刊)、市民運動とNGOが全国から約300団体集まり、約500人が乗った、神戸から石垣島往復のチャーター客船で、ワークショップを実行しました。そのテキスト本として主催者のご協力で出版できた一冊です。多くの反原発団体が日本中から参加していました。「いのち、くらし、自然」がテーマのグループが有機農業や食を中心に、熱心な討議を行い、日本の市民運動の幕明けを感じました。

しかし、無名の市民運動やNGOの本は、悲しいことに、いやになるほど売れません。そんな少々自虐的気分を2002年に本にしました。『売れない本にもドラマがある』です。自分なりに想いを込めて作った「ほんの木」の一冊一冊の本の背景と編集者の舞台裏、想い、心意気を書き留めました。

また、1991年にカリフォルニア州のサンフランシスコに「ほんの木USA」という現地

ＮＰＯ法人を設立し、私が代表となり、環境、人権など、西海岸の市民運動の多様でクリエイティブな動きを情報収集し、日本に持ち込もうと、何冊か本にもしました。日本人設立のアメリカでは初めてのＮＰＯ法人です。（日本にＮＰＯ法人法ができたので１９９８年解散）

そのサンフランシスコの「ほんの木ＵＳＡ」でJapanese Working for A Better World（『より良い世界のために働く日本人』という、日本の市民グループ約８００団体と同じく47人の主な市民活動家を取材した英語版の紹介本を出版し、１９９２年のリオデジャネイロ・サミットに持ち込みました。発展途上国のＮＧＯには無償で、日欧米の市民運動家などには有料で販売しました。ファックス全盛時代になり、世界へ日本の市民運動を広げ、ネットワークを強めてもらいたいという思いからでした。いわば少々早すぎましたが、日本の市民運動のグローバル化作戦でした。小社の英語本第1作です。（故高木仁三郎さんも取材させて頂きました）

その後、１９９５年1月17日の神戸を中心とした大震災には、私とＰＡＲＴ２のインタビューを担当した高橋利直とビデオジャーナリストの神保哲生氏の3人で、物資支援と緊急調査のためにバンを借り、現地へ向かい、同時に全被災地域をどう支援するかを2日間で調べ東京へ戻りました。東京のボランティア団体とＮＧＯグループに集まってもらい、現地救援の方法をお伝えしました。この直後、大震災をきっかけにインターネットが一気に広がり、時代が変わり、また、市民ボランティアの時代が始まりました。

今、ネットメディアの実力は、市民を動かします。事前に集会やデモの予告ができ、また、現場を同時中継もできます。それを見て多くの人々がまた集まります。しかし、それでも選挙で脱原発派は勝てませんでした。これも日本の現実です。

さあ、これからどうしましょうか。息の長い原発ゼロ、廃炉への道が始まります。権力側、原発推進側、原子力ムラはあらゆる方法で反原発をつぶしてくるかもしれません。それにめげず、ひるまず、ゼロを実現するには、何が必要か。不十分な中身で恐縮ですが、そのことをご一緒に模索し、叩き台としてこの本を活用して頂ければ幸いです。

この本は、27年半の「ほんの木」のこうした少々出版社を逸脱したNGO、市民運動的な出版理念の延長上にある一冊です。また、官邸前に行く度に、声をあげ、スピーチをし、ドラムを叩き、反対の抗議を続けてきた、多くの市民と、それらの市民運動を担う人々、そして、様々なチラシを参考にしながら、その粘り強い人々のエネルギーから生まれました。感謝をこめてすべての行動する市民に御礼を申しあげたいと思います。

原発を廃炉にすることで、子や孫や、もっと先の世代の子どもたちに少しは安心と安全と幸せをプレゼントすることができたらとの思いを胸に、書きたいことは山ほどありますが、ひとまず筆を置きます。また、最後になりましたが、インタビューにご協力頂いた皆様に改めて心より感謝申しあげます。

柴田敬三

ほんの木掲示板

原発をゼロにし、廃炉にするために、皆様のお力で、ワークショップを開いて頂けませんか。

この本「原発をゼロにする33の方法」を材料に、市民の力で原発をゼロにするために、ワークショップを開いて頂ける方を募集中です。全国各地どこでも構いません。やり方はふたつあります。本書の編者、柴田敬三が直接講師役で行うやり方。（交通費、場所により宿泊費をご用意頂ける場合）

もうひとつは、皆様ご自身で、地域で開いて頂き、本書を材料に話し合いをして頂くやり方も可能です。共に、本書及び小社の「もう原発はいらない！」を販売頂くことをお願い致します。

詳しくは、ほんの木へお問合せ下さい。（問合せ先は左記です）

お申込み
お問合せ

（株）ほんの木

〒101-0054 東京都千代田区神田錦町3-21 三錦ビル
TEL 03-3291-3011 FAX 03-3295-1080
メール：info@honnoki.co.jp

ほんの木からのお願い

本書同封のご感想ハガキをお送り下さい。

あなたの原発ゼロへのアイデアを募集します。

101-8791
517
5984
「原発をゼロにする33の方法」係

この33の方法以外に、原子力ムラ解体、原発をゼロにし、廃炉にする様々なアイデアをお送り頂けませんか。本書に同封のハガキにご記入頂き、ご投函下さい。(切手代無料です)手紙、ファックス、メールの方は、下記「ほんの木」までお送り下さい。

ご案内

反&脱原発新聞「子どもたちの声」3号　フリーペーパー

ご希望の方にお送りしています。(送料も無料)

地域やイベントでお配り頂ける方にも
必要部数をお送り致します。(在庫のある限り)

反&脱原発新聞
子どもたちの声
原発をゼロに、廃炉にするために、私たちができる「自分アクション」を始めませんか
「原発をゼロにする30の方法」

ほんの木では、フリーペーパー(無料新聞)を発行しています。「子どもたちの声」は未来の世代のために、私たちがすべきことを、反&脱原発や大地震対策の新聞4頁にまとめました。ご希望の方、またお配り頂ける方には、無料でお送りしています。(本書のチラシ入り)連絡先は下記までお願い致します。

〒101-0054　東京都千代田区神田錦町3-21 三錦ビル
TEL: 03-3291-3011　FAX03-3295-1080　メール: info@honnoki.co.jp

編者プロフィール

柴田敬三　SHIBATA KEIZO

メール　shibata@honnoki.co.jp

1945年生れ。東京都出身。1968年上智大学経済学部、1970年明治学院大学社会学部共に卒業。同年、（株）小学館入社、10年間在籍し編集を学ぶ。1980年独立。1981年マルチ・プランニング会社（株）パン・クリエイティブを親友と設立。編集・制作部門担当。この頃から市民運動に関わる。1986年に出版社（株）「ほんの木」を設立。市民運動、ＮＧＯの応援や民主主義にこだわる出版物を手がける。NPO法人熱帯森林保護団体副代表理事。NPO法人ACC21理事。自称「老働者」。性格きわめて適当。趣味は印象派の絵画やガーデニング、世直しする人を支援すること。株式会社ほんの木代表取締役。フォーラム「未来塾」主宰。

UPDATE（アップデイト）ブログ　http://blog.goo.ne.jp/update_2010

株式会社 ほんの木 プロフィール

1986年6月6日設立。市民運動、ＮＧＯを支援する出版物を多く手がけることで、民主主義を高め、市民社会を希求したいと考え、スタート。第1作は『ばななぼうと』、これは日本の市民運動の草分けの本であり、約1300団体の草の根市民運動グループリストを巻末に掲載、話題となった。（当時のほぼ全ての反原発団体を掲載）1988年に20年早過ぎたと言われた月刊誌「アップデイト」を創刊。グローバル化する世界と日本を複眼で報道し、若い世代を中心に熱心な読者を集めた。1991年、資金が尽き廃刊。以後、経済的自立のため、自然雑貨の通信販売に着眼し、1992年より漢方生薬入浴剤や安心・安全・こだわりの商品類などを手がける。

出版のジャンルは、環境、ＮＧＯ、教育、代替療法、ボランティア、市民運動、障がい者問題、地域再生など。最近では、社会性のある自費出版も手がける。「反原発」と「良い本を広く社会に」で約28年。

著者のご好意により視覚障害その他の理由で活字のままでこの本を利用できない人のために、営利を目的とする場合を除き「録音図書」「点字図書」「拡大写本」等の制作をすることを認めます。その際は、著作権者、または出版社までご連絡ください。

原発をゼロにする33の方法

2013年4月12日　第1刷発行
2013年4月24日　第2刷発行

編者――――――――柴田敬三
編集・制作―――――柴田敬三　髙橋利直　野洋介
発行人―――――――髙橋利直
総務――――――――岡田承子
営業・広報―――――野洋介
発行所―――――――株式会社ほんの木

〒101-0054　東京都千代田区神田錦町3―21　三錦ビル
TEL 03-3291-3011　FAX 03-3291-3030
郵便振替口座 00120-4-251523 加入者名　ほんの木
http://www.honnoki.jp/
E-mail　info @ honnoki.co.jp

印刷　中央精版印刷株式会社

ISBN978-4-7752-0084-1

市民ボランティアの本

災害ボランティアの手引き書

市民の力で東北復興

ボランティア山形 著
（綾部 誠　井上 肇　新関 寧　丸山弘志）
定価 1,400 円（税別）
四六判 / 240 頁

**避難所
開設・運営の
ノウハウ本**

震災翌日の朝。被災地支援出発前の光景。

**「ボランティア山形」
東日本大震災 復興支援活動の記録**

福島からの原発事故による避難者を迎え入れ、立ち上がった山形県米沢市民と、全国から支援に結集した心ある仲間たち。宮城、岩手、福島各県の地震・津波被災者にも物資とボランティアを送り続け、その運営体制と実践力が高く評価された「ボランティア山形」の活動を、最前線に立つ理事四人が語る白熱の一冊。（復興支援は今も継続中です）

ボランティア山形　阪神淡路大震災に、米沢生活協同組合（現・生活クラブやまがた生活協同組合）の緊急支援策として、広く山形県民に呼びかけて組織。東日本大震災救援活動では従来の物資供給や人的支援に加えて、各ボランティア団体や大学、行政などと連携をして、避難者支援や政策提言などを行う中間支援組織的な役割が大きな活動の柱になっている。

綾部 誠

井上 肇

新関 寧

丸山弘志

「ほんの木」の本を、1200 円（税別）以上お求めの方には、送料無料でお送り致します。お気軽にご注文、お問い合せ下さい。

子どもの幸せな未来を育む本

ほめる、しかる、言葉をかける
自己肯定感の育て方

ほんの木 編

定価 1,500 円（税別）
四六判 /200 頁

子どもたちの「自己肯定感」を育むポイントをまとめました。親の何気ないひと言で、子どもの心は変わります。

犯罪といじめから
子どもを守る
幼児期の生活習慣

ほんの木 編

定価 1,500 円（税別）
四六判 /224 頁

犯罪を避けるには、「人」ではなく「場所」に注意など、危機管理のプロたちに聞いた納得の「安全しつけ」を紹介。

子育てがうまくいく、
とっておきの言葉

ほんの木 編

定価 1,600 円（税別）
A5 判 /160 頁

子育てや幼児教育のプロの言葉の中から、育児に役立つひと言を厳選してまとめました。いつもそばに置いておきたい一冊です。

少子化時代 子どもを伸ばす
子育て苦しめる子育て

ほんの木 編

定価 1,500 円（税別）
四六判 /192 頁

少子化時代は子育ての質が重要。幼児期の子育てで陥りやすい落とし穴や、そこからの脱出法を 22 のポイントにまとめました。

子育て幼児教育
50 の Q&A

ほんの木 編

定価 1,500 円（税別）
四六判 /232 頁

育児でよく寄せられる 50 の質問に、11 人の子どもの専門家がやさしく回答。0 ～ 7 歳の子育ての悩みを解消します。

子どもを伸ばす
家庭のルール

ほんの木 編

定価 1,500 円（税別）
A5 判 /128 頁

早寝早起き、朝ご飯、家族との団らんなど、当たり前の生活習慣の積み重ねが子どもの体力、知力、心を伸ばします。

ご注文･お問い合せ　ほんの木　TEL 03-3291-3011　FAX 03-3291-3030
メール info@honnoki.co.jp　ホームページ http://www.honnoki.jp

ほんの木「自費出版」の本

志ある企業姿勢、NPO、ＮＧＯ活動のＰＲから、オリジナル絵本や自分史まで。

ほんの木ならではの理念でご協力します！

定価 1,500 円 (税別)
四六判 / 272 頁

私、フラワー長井線「公募社長」野村浩志と申します

野村浩志 著 (山形鉄道株式会社 代表取締役社長)

元旅行会社の支店長が、赤字続きの第３セクター鉄道の公募社長に就任。サラリーマン時代に培った数々のアイデアと、強力な実行力。そしてそれを支える熱い想いが、本や講演を通し、多くの人々の感動を呼んでいます。

幸せを呼ぶ 香りのセラピー

山下文江 著

(フレグランスデザイナー＆セラピスト)

香水づくりで人生を再起させた著者が、香りの魅力や香水作りの癒しの力を紹介。

定価 1,200 円 (税別)
四六判 / 152 頁

姿勢は運命を変える

城戸淳美 著

(医療法人杏林会 今井医院 医師)

正しい体の使い方で心までラクになる！ 姿勢と体、心の関係を女医さんが解説。

定価 1,200 円 (税別)
四六判 / 144 頁

政権交代、さあ次は世襲政治家交代！

ほんの木 編

日本のアンフェアの元凶とも言える世襲政治家の交代を訴える一冊です。

定価 1,400 円 (税込)
A5 判 / 176 頁

玄米酵素で腸スッキリ、体若返り健康法

矢崎栄司 著

(食・農・環境ジャーナリスト)

健康の基本となる酵素の働きを、健康回復事例を交えて解説します。

定価 1,300 円 (税別)
四六判 / 160 頁

各種テーマでの自費出版に対応しております。制作や編集の方法、または書店での販売方法等、ご不明な点はお気軽に左記までお問い合せ下さい。